重庆市人文社科重点研究基地视觉艺术研究院规划项目
——"设计社会学研究"项目学术成果
（项目编号：19ZD07）

U0161700

"大设计"
论丛

丛书主编 李敏敏

DA
SHEJI

肖志慧 著

从器物到文化
——中国古代照明

中国纺织出版社有限公司

内 容 提 要

本书从"照明"的微观视角切入，梳理和挖掘中国古代照明蕴含的优秀传统文化和思想，探寻照明器物与艺术史、生活史和技术史的横向关联，以照明透视中国古代文化制度、日常生活和信仰世界。本书内容主要包括以下几个方面：古文字中的照明史、中国古代社会昼夜观念、中国古代照明礼仪、中国古代夜间生活和元宵节的社会活动。

本书适合艺术类专业师生及相关研究者使用。

图书在版编目（CIP）数据

从器物到文化：中国古代照明 / 肖志慧著 . -- 北京：中国纺织出版社有限公司，2023.8

（"大设计"论丛 / 李敏敏主编）

ISBN 978-7-5229-0659-1

Ⅰ.①从… Ⅱ.①肖… Ⅲ.①灯具－设计－研究－中国－古代 Ⅳ.① TS956.2 ② K875.24

中国国家版本馆 CIP 数据核字（2023）第 098951 号

责任编辑：华长印　石鑫鑫　　责任校对：江思飞
责任印制：王艳丽

中国纺织出版社有限公司出版发行
地址：北京市朝阳区百子湾东里 A407 号楼　邮政编码：100124
销售电话：010—67004422　传真：010—87155801
http://www.c-textilep.com
中国纺织出版社天猫旗舰店
官方微博 http://weibo.com/2119887771
北京华联印刷有限公司印刷　各地新华书店经销
2023 年 8 月第 1 版第 1 次印刷
开本：710 × 1000　1/16　印张：10.25
字数：150 千字　定价：98.00 元

目录
CONTENTS

第一章

古文字中的照明史

第一节　火烛古字

现在，人们在谈到照明的时候，自然就联想到各种灯，如油灯、烛灯、气灯及电灯。灯烛更是在中国文学中留下了难以计数的美好意象，"春蚕到死丝方尽，蜡炬成灰泪始干。""蓦然回首，那人却在，灯火阑珊处。"然而，中国古代照明包含的技术、礼仪、思想、观念等，远非"照明"能简单说明。参考古文字学家王献堂先生遗著《古文字中所见之火烛》中的内容，结合《说文解字》的注解，本书先对涉及照明的古文字做简单的整理。该书稿完成于 1945 年，王献堂先生基于火烛的古文字研究，从文字、音韵、地理、民俗等各角度，考证了火烛及由其衍生出的四十余字。陈邦怀先生在此书 1979 年齐鲁书社影印稿本的序言中写道："火烛之名，见于《吕览》。火烛之字，发于王氏。"❶据王献堂自述，他写这本书的起因，乃是听说一些地区流传的习俗——"顶灯"，即犯了错的丈夫在头顶上放一盏灯，长跪在老婆的床前。在经典川剧小丑戏里，有一则表演惧内的《皮金滚灯》，讲的是一名叫皮金的书生迷恋赌博，老婆罚他把点燃的油灯顶在头上，不能掉下也不能熄灭（图 1-1）。戏剧演员把点燃的油灯顶在头上，还需要完成翻跟斗、钻板凳等高难度该动作，把四川"耙耳朵"怕老婆的诙谐表现得活灵活现。王献堂认为，惧内顶灯的行为，应当是古代奴隶制社会遗留下来的某种习俗，演化成了老婆惩罚丈夫的行为，以此为题撰文

图 1-1
重庆市川剧院《皮金滚灯》 剧照

---

❶ 王献堂. 古文字中所见之火烛 [M]. 济南:齐鲁书社,1979:1.

《说顶灯》，又在此基础上拓展完成《说烛》一书。由于手稿所涉内容庞杂，且包含了大量训诂学知识，本书仅选择与照明燃料、技术和工具相关的部分古字，简要概说。

一、丶、主、炷、烛（燭）、燎、燋

丶和主字相关，因《说文解字》中没有收录"炷"字，含义参考"主"字，都代表是灯中的火炷。丶本义没有"火"，《说文解字》作🔥："所所绝止，丶而识之。凡丶之属皆从丶。"朱骏声《说文通训定声》："今诵书，点其句读，亦其一端也。"但是，主从丶，读音也相同，而"主"是象形字，甲骨文中像一盏点燃的灯，《说文解字》作👁："镫中火主也，从呈，象形；从丶，丶亦声。"段玉裁（1735~1815）《说文解字》注："谓火主（炷）。""丶、主，古今字；主、炷，亦古今字。"朱骏声《说文通训定声》："丶象火炎上，其形同丶（表绝止的丶），实非丶字。"王筠《说文解字句读》："通体象形。丶象火炷，凵像灯盏，土象灯檠（灯架）。"（图1-2）《南史·卷七八·夷貊传上·海南诸国传》："至自然大洲，其上有树生火中，洲左近人剥其皮……或作灯炷，用之不知尽。"《新唐书》中记载："尝夜宿民家，遇灯炷尽，主人将续之，无逸抽佩刀断带为炷。"可见，"炷"用来表示照明的"灯"，丶和主与炷相通，也可用作表达灯烛之意。

烛（燭）和燎都是指照明的火把，燋是指点燃火把的小火种。烛、燎、燋三字的含义又通常混淆在一起，可用"烛"来指代。燭，指插在庭院中和门外的火炬。《说文解字》作🔥："庭燎，（火）[大]燭也。从火，蜀声。"钮树玉《说文解字校录》："郑注《周礼·司烜氏》云：'树于门外曰大烛，于门内曰庭燎。'"汤可敬《说文解字今释》："庭燎、大燭析言有别，统言不分，都指火炬。"燎，放火烧。《说文解字》作🔥："放火也。从火，尞声。"徐灏《说文解字注笺》："燎之本义为烧草木。"《仪礼·士丧礼》："宵为燎于中庭。"《周礼·秋官司寇》载："凡邦之大事，共坟烛、庭燎。"郑玄注："坟烛，麻烛也……坟，大也。树于门外曰大烛，树于门内曰庭燎，皆所以照众为明。"《毛传》："庭燎，大烛。"《仪礼·燕礼》："宵则庶子执烛于阼阶上，司宫执烛于西阶上，甸人执大烛于庭，阍人为大烛于门外。"郑玄注："烛，燋也。"燋是用来引燃手中所持握的火炬的火种。《说文解字》作🔥："所以然持火也。从火，焦声。《周礼》曰：'以明火爇燋也。'"段玉裁《说文解字注》："人所以持之火也。"

许慎的《说文解字》中采用了汉代点读书句的解释，既以、为断句之义，但王献堂先生认为这种说法有误，他认为："主字亦谓火烛，其初文为◗，象烛光矗立。最早见于商代◗庚爵单（單），独为字，音即读烛。"❶ 主字后来也作炷，指灯烛的火心，因为早期的镫（鐙）烛就是火把，形态就像是◗形的烛光，由于、笔画简单，容易和其他字体相混，因此又用他字共同构成主字（图1-2）。

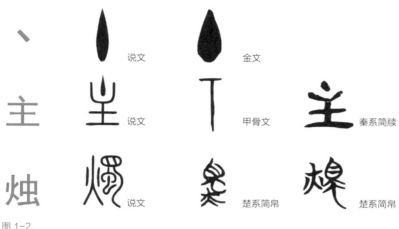

图 1-2
、主 烛 古文字

二、熜、苣、莪（蕉）、薪、柴、蒸

从《说文解字》中关于、、主、爝（烛）、熜、燋的字形字源来看，中国古代早期主要采用燃烧的火把来照明，火把由苇或麻缚扎而成。在许慎《说文解字》中，有熜、燋、苣、莪、薪、柴、蒸等古文字与照明燃料有关（图1-3）。

熜，点燃麻秆捆扎而成的火炬。《说文解字》作熜："然麻蒸也。从火，匆（悤）声。"段玉裁《说文解字注》："麻蒸，析麻中干也。蒸即谓麻干。"《周礼·委人》："薪蒸材木。"《说文解字》中的薪、莪都是指的柴草，它们是古代火烛的重要燃料。《礼记·月令》中说："（季冬之月）乃命四监收秩薪柴，以共郊庙及百祀之薪燎。"郑玄认为："大者可析谓之薪，小者合束谓之柴。薪施炊爨，柴以给燎。"薪是大木材，柴是小的木头，"小木散柴"需要缚扎成束才能作为火把使用。蒸和柴含义相近。

---

❶ 王献堂.古文字中所见之火烛 [M]. 济南:齐鲁书社,1978:48–49.

熄（说文）　　燋（说文）　　苣（说文）　　莪（说文）　　蒸（说文）

柴（说文）　　　柴（金文）　　　薪（说文）　　薪（金文）

图 1-3
与照明燃料相关的古文字

　　《说文解字》中薪、莪、苣互通，都是指柴草，《说文解字》曰："藬（薪），莪也。""甃（苣），薪也。"沈涛《说文古本考》："《诗·板》释文、《文选·长扬赋》注、《龙龛手鉴》皆引云：'莪，草薪也。'是古本薪上有草字。"桂馥《说文解字义证》："谓草薪，别于木薪也。"烧着捆束的苇秆则称为"苣"，《说文解字》曰："苣，束苇烧。""古者烛多用苇，亦用麻。"《诗·小雅·无羊》又说："以薪以蒸。""蒸"是麻剥掉表皮后的茎干，"其皮为麻，其中茎谓之蒸"，又称麻秆。《说文解字》作："藬（折）[析]麻中干也。"

　　综上所述，薪、蒸、柴没有特别明确的划分，蒸的初意与"薪"相近，用来指麻秆、竹木等制成的火炬，因此古代也用"蒸"代指"烛"，《广雅》："蒸，烛也。"《仪礼疏》："故云烛用蒸也。"在武氏祠壁画中，有一组颜叔执烛画像，旁边的赞文中即用"蒸"。图中画有一男一女共处一室，妇人拱跪，头戴五梁华冠，旁边题有"乞宿妇"三字。右边着冠服者应为颜叔，头戴高冠，仰面，右手执烛火，左手正从屋角抽柴草，旁边题有"颜叔握火"。附赞文："颜叔独处，飘风暴雨，妇人乞宿，升堂入户，燃蒸自烛，惧见意疑。未明蒸尽，掐笮续之。"颜叔子的典故出自《诗经·小雅·巷伯》，讲述了独居的颜叔子在暴风雨之夜收留同样独居的寡妇邻居，为了避嫌而一直点着烛火，但是所有的火烛燃完了还没有天亮，颜叔子于是扯下房屋的柴草点燃当作火把，赞文中"燃蒸自烛"，蒸应该就是指麻秆。

三、豆、丁、锭、登、镫（鐙）、灯（燈）

　　与照明器具有关的丁、锭、登、镫、燈六个字，几乎可以概括中国古代灯具发展的历史。

豆是在新石器时代晚期就已经出现的盛食器，也是礼器的重要组成部分，主要用来盛肉糜（图1-4）。"豆，古食肉器也。"（《说文解字》）豆在甲骨文中作昱，像一只高脚盘，金文昱上多有盖，即㪍。《说文解字》中"锭"和"镫"二字互训，"鐪（锭），镫也。""鐙（镫），锭也。"但在后世注解中，则认为锭和镫都是一种豆，锭有足，镫无足。《广韵·径韵》："豆有足曰锭，无足曰镫。"在汉墓中出土的许多灯具上附有铭文，以"锭"为名，如"当户锭""铜锭""槃锭"等。河北满城陵山汉墓中出土了大量灯具，除了著名的长信宫灯，还有附铭文的当户锭、青铜厄灯等，灯盘从豆脱胎而来，演变成盘状，灯体部分各有不同（图1-5、图1-6）。椒林明堂豆形铜灯灯盘口沿外部刻有铭文22字——"椒林明堂铜锭，重三斤八两，高八寸，卅四年，锺官造，第七（图1-7）。灯盘为敞口，平盘，灯柱分为两部分，上部呈圆柱形，下部分束腰呈倒葫芦状，喇叭口形连接圈足。盘底下有柱插入把腔内，用铜钉铆合。中山靖王墓中还出土了一盏当户铜灯，灯盘的壁上刻着"御当户锭一第然于"八个字，考古学家以铭文中的"当户"为灯名（图1-8）。当户是匈奴的官名，在《史记·匈奴列传》中出现的匈奴官号有左右贤王、左右谷蠡王，左右大将、左右大都尉、左右大当户、左右骨都侯。铜俑身着胡服，直襟短衣，左臂戴鞲，头微微上仰，右膝跪地上，左手按在左膝上，右手托举灯盘，铜俑身后的衣服呈长尾拖曳，增加了灯座的稳定性。灯通高12厘米，灯盘径8.5厘米，灯盘敞口，平底，直壁，盘中心有支钎。

A. 陶高柄豆　商
盘口径18厘米
圈足径16.7厘米
高46厘米　三星
堆博物馆藏

B. 豆　商　故宫博物院藏

C. 蟠螭纹三鸟盖豆　战国
故宫博物院藏

图1-4
古代的豆

图 1-5
西汉长信宫灯　通高 48 厘米　河北满城陵山
二号汉墓出土　河北博物院藏

图 1-6
西汉带铭铜卮灯　通高 12.2 厘米　灯盘径 7.2
厘米　河北满城陵山一号墓出土　河北博物院藏

图 1-7
西汉椒林明堂豆形铜灯　通高 18 厘米　灯盘
径 12.3 厘米　河北满城陵山一号墓出土　河
北博物院藏

图 1-8
西汉当户铜灯　通高 12 厘米　灯盘径 8.5
厘米　河北满城陵山一号墓出土　河北博物
院藏

《说文解字》中并没有特别注明锭和镫是照明工具，锭、镫的界定，"汉人谓之锭，亦作钉，作定，作登，作镫，皆一事。其器形制不一，大体原于古豆。"❶金石学家对两汉时期青铜器拓片的研究，帮助梳理了锭、镫和照

❶ 王献堂. 古文字所见之火烛 [M]. 济南: 齐鲁书社, 1979: 2.

明器物的关系。陆明德（约550~630）编撰的《经典释文》认为："登，本
又作镫。"颜师古（581~645）注《急就篇》中说："镫，所以盛膏夜然燎者
业，其形若杆而中施缸。有柎者曰锭，无柎者曰镫。柎谓下施足也。"❶颜师
古对镫的形态和用途做出了明确解释：镫是盛装油脂用于夜晚照明的容器，
有杆状的灯柱，灯盘呈缸形，有足为锭，无足为镫。刘向《说苑·复恩》中
载："楚庄王赐群臣酒，日暮镫烛灭。"段玉裁《说文解字注》"释器"条，
镫与登同，"瓦豆谓之登。郭曰：'即膏灯也'。《说文》金部之镫、锭二字也。
其形如豆。今之灯盏是也。上为碗（盌）盛膏而燃火是为主。其形盛微而
照明一室。"王福康认为瓦豆是从战国墓葬中的陶制细把豆演变而来，这种
细把豆浅盘、平坦底，瓦豆在平底浅盘的基础上，增加了盘中心可以插灯
芯的乳状突起（图1-9）。"后来不知是谁在瓦豆中置一灯芯用来点灯，随着
时间的推移，这种瓦豆也就被演变成照明的工具——灯了。""无论从文字
学的角度推测，还是从瓦豆的演变过程来看，在我国灯的发展史上，灯恐
怕就是由这种叫瓦豆（又称陶豆）的东西演变过来的。"❷

《说文解字》中并没有收录"燈"和"灯"二字。"燈"首次出现在南
朝顾野王（519~581）编纂的《玉篇》："燈。燈火也。"徐铉（916~991）
认为："锭中置燭，故谓之镫。今俗别作燈，非也。"近现代学者蒋天枢
（1903~1988）、叶昌炽（1948~1917）、朱芳圃（1895~1973）考校了锭、镫
二字，蒋天枢《楚辞校释》载："镫，灯之本字。华灯，铜镫有各种华美形
式。"叶昌炽的《释灯》以《楚辞·招魂》中的"兰膏明烛，华镫错些"为
例证，认为"镫"开始于战国，兴盛于汉朝，形状与豆相似，"然膏之所谓
名为镫者，以其形似礼器之豆。"朱芳圃在《镫锭考》一文中，对与镫相

图 1-9
灰陶豆　战国　通高
19.5 厘米　盘径 18.9
厘米　河南博物院藏

❶ 陈立. 广雅疏证 [M]. 北京：中华书局，2019：609.
❷ 王福康，王葵. 古灯 [M]. 上海：上海古籍出版社，1996：3-4.

关的字形字源做了详细的梳理，通过对甲骨文、青铜器铭文中火、烛、燈相关字形字源的研究，认为燎烛（火把）与镫（灯具）同时起源，燎炬主要用在国家政治、宗教祭祀中，镫则主要在日常生活中使用，由于中国古代历史文献一般只关注政治和祭祀等正史，对日常生活的记录非常匮乏，因此现存古代照明的文献记录，主要集中于燎炬的记载而很少有镫的信息。

"余谓先民以动植物谓食料，其脂肪可燃烧发光，自必知之甚早。盖有初，诸燎烛，用以助光；其后遂专用为照夜之具，渐有镫之发明。自不能以见于载籍较迟，而疑古代无镫之使用矣。间尝考之，远古制作未兴，照夜之具，当用燎炬，文明既启，发明膏镫，二者同时并用，大抵燎烛光强，邦家大事用之；膏镫光弱，家中日常用之。经传序述，皆邦家大事，是以不见镫之记载。究之，膏镫使用，较为简便，渐次盛行，卒取燎炬地位而代之。消长之会，其在周秦之间乎？"❶

王献堂先生在《古文字所见之火烛》一书中精练地概括了中国古代照明器物是火把—油烛—豆—（汉）灯—蜡烛、油灯的发展过程。"大抵灯烛之起，先为火把，继灌油膏，改进为油烛。油烛燃而膏液流溢，手持不便，势须以盘承接，有柄有座，以便执放。乃利用古豆形，加钉锲为之，即汉灯所由起也。其灯可以插膏烛，亦可以插蜡烛。蜡烛又继膏烛而起也，今之油灯，更其后起者也。先后演变情形，大体如此。"❷

第二节　照明燃料

从燎、苣、莦、薪、蒸等古文字推测，中国古代早期将苇秆、麻秆等植物捆扎成火把用来照明，大的火把称为炬，小的火把称为烛，捆扎成束既可以延长燃烧时间，又可以满足移动照明的需求。柴、薪、莦、樵、蒸本质上都属同一类事物，皆可泛指燃料，但又有性状和用途的语义差异。

麻秸、草、苇、竹、薪都可用来扎制火把。"苣即炬，草苇竹薪皆可用。礼经言燎，言燭，言燋，不言炬。"❸郑玄认为《周礼》中的"坟烛"是芦苇制

❶ 清华大学国学研究院. 朱方圃文存 [M]. 南京：江苏人民出版社，2018：221.
❷ 王献堂. 古文字所见之火烛 [M]. 济南：齐鲁书社，1979：8.
❸ 王献堂. 古文字所见之火烛 [M]. 济南：齐鲁书社，1979：5.

成的火把，首先将芦苇缚扎成束，用布紧紧缠绕，再浇灌饴蜜，这样制作而成的火把燃烧时间更加持久。据孔颖达、贾公彦所言，松、苇、竹都是制作火把的材料，"或灌以脂膏，或浇以饴蜜，虽与今人作蜡烛无异，然其实即是苣耳。"❶1988 年在宁夏海源新石器时代窑洞遗址中的洞壁上发现了五十多处圆形插孔，插孔上有火苗烧灼痕迹，呈青灰色，这些插孔中还残留着松树皮残迹，根据现场的设置推断，可能是将油松枝条斜插在墙壁上的孔洞中，点燃后取亮以供室内照明所用。"今则以松苇竹，灌以脂膏也。有用桦皮者，玉篇，桦木皮，可以为烛。说文作樗，或作樺，读若华，云木，以其裹松脂。盖松脂用桦树皮裹之，燃以为烛，名曰桦烛，即今所谓华烛或书花烛者矣。"❷

火炬照明主要用于庙堂祭祀、政治集会等重要场合，火炬燃烧时间短，需要专人拿着火把，并在它燃烧未尽时及时替换，以保持火炬的亮光不灭。因此，古代普通家庭里很少使用火炬，夜里仅依靠室内炉灶中柴薪燃烧发出的光线照明。《小雅·白华》曰："樵彼桑薪，卬烘于煁。"刘向校释："我反以燎于煁灶，用照事物而已。案古人夜居于室，不用膏燈，燎薪于灶，取明以照物事，与用烛同，是确为室中有灶之证，而此灶可以御寒，亦可以取明，则不仅于严冬用之，四时并可常设也。"❸

南朝梁简文帝萧纲写了《列灯赋》和《对烛赋》两首与灯烛相关的赋，其中两首赋中提到的南油、西漆、苏征安息、龙川蜡、兰膏、朱蜡、豹脂、牛膫，都是照明的燃料或者用来添加到燃料中的香料。《列灯赋》中写有："南油俱满，西漆争燃。苏征安息，蜡出龙川。""兰膏馥气，芬炷擎心。"《对烛赋》中写有："绿炬怀翠，朱蜡含丹。豹脂宜火，牛膫耐寒。"结合古文字学早期与照明相关的考据，可以发现各种柴薪、动植物油脂、虫蜡等，都是中国古代照夜的重要燃料。

一、动物膏油

《淮南子·说林》曰："蕡烛捔，膏烛泽也。"蕡❹俗称麻子，即麻的果实，《尔雅·释草》载"蕡，枲实。"捔指暗昧不明；膏指肥肉、油脂。这句话的意思是说，麻子为燃料的灯光线昏暗，动物油脂为燃料的烛光线明

---

❶ 郝懿行. 证俗文·用器 [M]. 济南：齐鲁书社，2010：2237.
❷ 王献堂. 古文字所见之火烛 [M]. 济南：齐鲁书社，1979：6.
❸ 刘向. 新序校释：卷六 刺奢 [M]. 北京：中华书局，2009：809.
❹ 蕡，或作膏，现已不使用。——编者注

亮。《周礼·考工记·梓人》中把动物分成五类："天下之大兽五：脂者、膏者、羸者、羽者、鳞者。"郑玄注："脂者，犬膏。膏腥，豕膏也。鲜，鱼也。羽，雁也。膏膻，羊脂也。"[1] 脂是牛羊类有角的动物，肪是猪类无角的动物，羸是人类，羽是鸟类，鳞是鱼类和蛇目类。鱼油、羊油、猪油等动物油脂，都可以用作照明。

在所有膏灯中，"鱼膏"因为秦始皇墓中"长明灯"而闻名，据《史记·秦始皇纪》记载："以人鱼膏为烛，度不灭者久矣。"司马迁称为人鱼，《正义》引《异物志》曰："人鱼似人形，长三尺余，不堪食，皮利于鲛鱼，项上有小穿，气从中出，秦始皇冢中以人鱼膏为烛。即此鱼也，出东海中。"[2]"人鱼膏"又称"人膏""鱼膏"，《太平御览》引作"鲸鱼膏"，《说文解字》中则认为它是一种称为觥的大贝。《本草拾遗》中说："鲵生山溪中，似鲇，有四足，长尾，能上树，声如小儿啼。"[3] 鲵的尾部是脂肪集中部位，长可至 0.6~2 米。王学理认为"人鱼"学名"儒艮"，是人们常说的"美人鱼"，脂肪可炼润滑油，他同时提出鲵鱼也可能是"雌性的鲸鱼"。[4] 清代赵学敏在《本草纲目拾遗》中写道："海上人多取鱼膏为油，代菜豆油用。其油割海鳅腹中脂或取其肉，并炼为膏，燃之照夜，然烟重气腥，多昏目损神。秦始皇墓重以鲵膏为灯，即此后人多解为人鱼者误也。"鱼膏灯取用的鱼类到底是娃娃鱼、美人鱼、鲸鱼、觥鱼、鲵或海鳅，难以从考古学层面予以实证，但可以据此推测，秦朝时已经掌握了从脂肪丰腴的鱼类中提取油脂用作照明燃料的方法。

鱼膏灯中有一种"馋灯"，取"懒妇鱼"的油脂作灯油，据说这种灯的照明亮度会根据使用环境发生相应的变化，在学习或劳动时，灯光昏暗，在宴饮或娱乐时，灯光明亮。传说这种鱼是一名懒惰妇女的化身，《异物志》云："昔有懒妇织于机中常睡，其姑以杼打之，恚死，今背上犹有杼文疮痕。大者得膏三四斛，若用照书及纺绩则暗，若以会众宾歌舞则明。"[5] 五代王仁裕在《开元天宝遗事》中说："南中有鱼，肉少而脂多。彼中人取鱼脂炼为油，或将照纺绩机杼，则暗而不明；或使照筵宴饮食，则分外光明，时人号为馋（馋）鱼灯。"[6]"江南有懒妇鱼，即今之江豚是也。鱼多脂，熬其油

❶ 郝懿行．证俗文 [M]．济南：齐鲁书社，2010：869．
❷ 王引之．经义述闻：下·正义 [G]// 朱维铮．中国经学史基本丛书：第 6 册．上海：上海书店出版社，2012：237．
❸ 邹汉勋．南高平物产记 [M]．长沙：岳麓书社，2011：427．
❹ 王学理．王学理秦汉考古文选 [M]．西安：三秦出版社，2008：81．
❺ 乐史．太平寰宇记：卷之一百六十五 [M]．北京：中华书局，2007：3162-3193．
❻ 王仁裕．开元天宝遗事 [M]．北京：中华书局，2006：20．

可点灯。然以之照纺绩则暗，照宴乐则明，谓之馋灯。"**❶** 明代杨慎认为这种鱼是行（魟）鱼，他在《丹铅续录》中说："魟鱼，即懒妇鱼也，多膏以谓灯，照酒食则明，照纺绩则暗，佛经谓之馋灯。"清代张宗法《三农纪》中引《异物志》，将馋灯与苏油灯作为对比，"南方有鱼多脂，照纺绩则暗，照宴乐则明，谓之馋灯。北方有荏子出油，照宴乐则暗，照纺绩则明，谓之苏油。"结合秦始皇陵中的鱼膏灯的记载，基本可以确定鱼膏是古代普遍使用的一种照明燃料，但照明的亮度不高，《太平广记》中的"庐山卖油者"，讲述了这样一个故事：一名庐山卖油小贩被暴雷震死，他的母亲天天都到九天使者的神祠哭泣，想要知道其中缘故，一名朱衣人（神仙）托梦告知，小贩在售卖的油中掺杂了鱼膏，燃香烛祭礼时产生的浓烟腥臭，触犯了神灵。"汝子恒以鱼膏杂油中。以图厚利。且庙中斋醮，恒用此油。腥气薰蒸，灵仙不降，震死宜矣。"**❷** 虽然这是一则灵异传说，但有助于我们判断鱼膏确实是相对低劣的燃料，燃烧时会产生浓烟和腥臭的气味。

托故为懒妇的说法，则是人为地增加了神秘色彩。甚至可以大胆猜想，古人之所以会有这种说法，大概是不同的场所引起的不同心理感觉。宴乐时强调的是空间的氛围，鱼膏灯的亮度足以满足要求，所以人们会认为"明"，纺绩或读书等活动对光照的亮度要求高，而鱼膏灯的亮度不能满足人们的需求，所以会觉得"暗"，并不是鱼膏灯自身发生了亮度的变化。

鱼膏还被用于古代军事战争和防御，周瑜、黄盖火攻曹操时，曾用鱼膏作为助燃材料，"至战日，盖先取轻利舰十舫，载燥荻枯柴积其中，灌以鱼膏，赤幔覆之，建旌旗龙幡于舰上。""去北军二里余，同时发火，火烈风猛，往船如箭，飞埃绝烂，烧尽北船，延及岸边营寨。"**❸** 曹操派刘馥到合肥，他励精图治，恢复当地民生，同时做好城防，"又高为城垒，多积木石，编作草苫数千万枚，益贮鱼膏数千斛，为战守备。"**❹** 古代十斗为一斛，贮存数千斛，数量已经相当可观。刘馥为合肥城防所做的储备，确实在战争中起了重要的作用，在他过世后，孙权率兵十万攻打合肥，围城百余日，又遇连续大雨，城墙欲崩，士兵"于是以苫蓑覆之，夜然脂照城外，视贼所作而为备，贼以破走。"**❺**

在一些笔记、志怪小说中，还有提取动物脑髓、眼睛为灯油的说法。

❶ 张岱. 夜航船 [M]. 北京：中华书局，2012：319.
❷ 李昉，等. 太平广记 [M]. 北京：中华书局，1961：3159.
❸ 许嵩. 建康实录：卷第一·太祖上 [M]. 北京：中华书局，1986：1250.
❹ 陈寿. 三国志：卷十五 [M]. 裴松之，注. 北京：中华书局，1982：463.
❺ 陈寿. 三国志：卷十五 [M]. 裴松之，注. 北京：中华书局，1982：463.

《诸蕃志》载："每岁常有大鱼死，飘近岸，身长十余丈，径高二丈余。国人不食其肉，惟刳取脑髓及眼睛为油，多者至三百余瓮，和灰修舶船或用点灯。"❶

　　东晋《拾遗记》中记述了凤脑灯、璠膏烛和龙膏灯："王设常生之灯以自照，一名恒辉。又列璠膏之烛遍于宫内，又有凤脑之灯，又有冰荷者出冰壑之中，取此花以覆灯七八尺，不欲使光明远也。方丈之山，一名峦雉，东方龙场，地方千里，有龙皮骨如山，阜散百顷，遇其蜕骨之时，如生龙或云龙常斗于此处，膏血如水流，膏色黑著草木及诸物，如淳漆也。燕昭王二年，海人乘霞舟，以雕壶盛敷斗膏，献昭王，王坐通云之台，亦曰通霞台，以龙膏为灯，光耀百里，烟色丹紫，国人望之，咸言瑞光，世人遥拜之灯，以火浣布为缠。"此段描述充满了奢华和玄幻，"常生之灯"指长明灯，保持灯火不灭，需要持续不断地添加油料。"璠膏""凤脑""龙膏"都是古人想象中最珍贵的灯（烛）油。后人常用"凤脑""龙膏"指代蜡烛，"凤蜡炼成愁脉脉，龙膏惹起口哓哓。""点尽龙膏玉漏催，衰蝉落叶总酸辛。"在另一本志怪小说《洞冥记》中，汉武帝把丹豹髓、白凤膏、青锡屑与淳苏油混合在一起，制成祭祀神坛所用的灯烛，可经受暴雨不熄灭。

　　从物理形态及成分来说，一般液态为"油"，固态为"脂"，融化的糊状油脂又被称为"膏"。肥腻的油脂有利于燃烧，油脂越重，可燃烧的时间就越长。结合现有的出土文物和考古文献，可以推测用来照明的油脂应以牛油、猪油为主，在河北满城一号墓出土的卮灯杯内残留有绿色块状物，经中国科学院化学研究院检测分析，发现了和牛油相似的成分（图1-10）。该墓葬中出土的青铜羊灯腹腔内，残留有白色油脂沉淀物。甘肃平凉庙出土的鼎灯中，也残留着泥状的油脂。云南昭通出

图 1-10
西汉杯形铜卮灯　通高 12.2 厘米　灯盘径 7.2 厘米　河北满城陵山一号墓　河北博物院藏

❶ 赵汝适. 诸蕃志 [M]. 郑州：大象出版社，2019：205.

土的行灯等盘内除了残存的油渣，还有一小段未燃完的硬芯——由八九根细竹条外面裹着 3 毫米左右厚度的细纤维。这段残留的灯芯，与古人所述"烛"的制作方法类似。"其蜡烛造法，用苇一根，缠以棉杖为心，融蜡为液，徐徐灌之，迨其坚定，有似蒲槌之形。又有柏烛，造法与蜡烛同。至若北方市肆，灌以羊膏，其烛最下。"❶ 传说唐宋时期有一种蜃脂制作成的蜡烛，燃烧的烟雾可以形成各种亭台楼阁的景象。蜃是古代神话中的一种怪兽，能吐气形成楼台的形状。"同昌公主有香蜡烛，烛长方二寸，上被五色文，爇之竟夕不尽，郁烈之气，闻于百步，烟出则上成楼阁台殿之状，或云蜡烛有蜃脂故也。""宋官烛香烟成五彩楼阁龙凤文者，疑是蜃脂所成，斯宾烛类之异（異）也。"❷

为了去除油脂燃烧产生的臭味，人们将香料添加到蜡烛中。《礼记·郊特牲》曰："萧合黍、稷，臭阳达于墙屋，故既奠，然后爇萧合膻、芗。"萧指艾蒿，芗指用来调味的紫苏之类的香草。祭祀时，膏脂燃烧会产生浓烈的腥臭味，如果用香草混合其中，就可以消除腥膻。《楚辞》中的"兰膏明烛"，就可能是从植物兰香中提取香料，然后混合进照明燃料中。王夫之在《楚辞通释》中说："兰膏，以兰草炼膏，使香而灌烛也。古无巨胜、蔓菁、柏油，皆灌牛羊豕之膏于橐燃之。膏气腥臊，兰草之香去臊❸，故以炼膏。"❹ 在《北京民间风俗图》中有一幅《蘸羊油烛图》，一名穿着短褂的男子左手拿着细长的烛芯，右手拿着勺子将熬制好的羊油往烛芯上浇淋，身后的柜台上，竖立着三组制好的蜡烛，两组没被遮挡的蜡烛颜色略有不同，左边的蜡烛呈淡红色，中间一组蜡烛呈白色（图 1-11）。画面右侧附有文字说明："此中国蘸羊油烛之图也。烛中之芯，另有人承做。蘸烛者用锅将油熬化浇在芯上成烛，浇成有八枝一斤、十枝一斤不等，红白两色，红者紫草染之。"

《启圣录》中"假烛烧尘"的故事是说南安军开隆观前的杂货铺主黄禹售卖桕脂假烛，"却将臭桕牛脂、触朱破布，伪作真净蜡烛出卖。"桕脂烛祭奠时发出浓郁腥臭的烟气，亵渎触怒了真武帝，于是显现神迹，让黄禹在火灾中被烧为灰尘。唐代温庭筠在《乾月巽子》中记载了扶风商人窦乂用各种低廉的废旧材料制作"法烛"，从而获取丰厚利润的故事。窦乂首先

❶ 郝懿行. 证俗文：卷三. 用器 [M]. 济南：齐鲁书社，2010：2237-2238.
❷ 郝懿行. 证俗文：卷三. 用器 [M]. 济南：齐鲁书社，2010：2238.
❸ 臊，指油内腐败、臭，现已不用。——编者注
❹ 王夫之. 证楚辞通释 [M]. 长沙：岳麓书社，2011：409.

此中國占羊油燭之圖也燭中之蕊另有人
濺做占燭者因鍋將油燉化澆在蕊上成燭
澆成有八枝一斤十枝一斤不等紅白兩色
紅者紫草染之

图 1-11
《蘸羊油烛图》

用低价购买囤积价格便宜的槐子、破布鞋、碎瓦子等，然后将破布鞋、碎瓦子等捣烂，混合可以燃烧的槐子和油靛，最后仿照蜡烛制作的方法制成"烛"，"悉看堪为挺，从臼中熟出，命工人并手团握。例长三尺以下，圆径三寸，垛之得万余条，号为'法烛'。"❶ 唐德宗初年六月，京城遭遇大雨，薪贵于桂，"尺烬重桂"。窦乂在此时以百文一条的价格售卖之前制作的"法烛"，由于价格低廉，自然很快售卖一空。

二、植物油

在掌握了植物油提炼技术后，胡麻、苴麻、荏子、红蓝花子、蔓菁子、乌桕、桐子、油菜籽等都曾用作灯火照明的燃料。《太平御览·卷七百一十》引《拾遗录》曰："董偃常卧延清之室，设紫琉璃屏风，列麻油灯于户外（用植物油燃灯，始见于此），视屏风若无屏风矣。"❷ 麻油也和鱼膏一样用于军事战争中，三国时孙权攻打合肥新城，守城的将领满宠令人"折松为炬，灌以麻油"❸，从上风处放火，逼退了孙权的进攻。"铁锁沉江"的历史典故中，西晋王濬利用麻油浸灌的巨大火炬，烧毁了吴军设置在西陵峡的拦江铁锁，"又作火炬，长十余丈，大数十围，灌以麻油，在船前，遇锁，然炬

---

❶ 温庭筠. 温庭筠全集校注 [M]. 北京：中华书局，2007：1258.
❷ 陈直. 汉书新证·东方朔传 [M]. 北京：中华书局，2008：340.
❸ 陈寿. 三国志 [M]. 裴松之，注. 北京：中华书局，1982：725.

烧之，须臾，融液断绝，于是船无所碍。"❶ 这两段历史战争中，无论是满宠的防守，还是王濬的进攻，都需要大量的麻油才可能完成。那么，这时的麻油到底是从哪种麻类植物中提取的呢？清代郭嵩焘所撰《湘阴县图志·卷第二十五》"物产志"条，对历代文献所载的"麻"做了整理，全段摘录如下：

《尔雅翼》："麻有实，曰苴；无实，曰枲。麻实亦曰"今俗牡麻，名花麻，色白。苴麻，名子麻，色青，子亦不任食。《本草》："麻子味甘。"李时珍云："大麻亦曰黄麻，即今火麻，入药品。"古麻，谷食，亦充边，实常品，不应古今异产。《本草》："胡麻，亦名巨胜。"陶宏景云："胡麻，绩黑者为巨胜。"沈括云："胡麻，西域种，张骞得之大宛。"王氏《诗稗疏》："巨胜见《纬书》，胡麻见《本草》，皆出六国。"未是。胡麻，周时已布于中国。《嘉祐本草》：曰"油麻"。寇宗奭云："比胡第之麻，差淡。"《名医别录》："胡麻生上党川泽、青蘘，巨胜生中原川谷。"胡麻与巨胜，及《嘉祐本草》之麻，自分三种，有中国产，有西域产。古麻亦自分可食者、可绩者，而统名麻，子，统名蕡，房，统名茡，音为苴，俗呼芝麻；又茡、苴音转，一作脂麻，言有脂油也。今人通谓胡麻，西域种，而麻之名隐矣。❷

中国很早就种植苴麻，郭嵩焘认为周朝时已经开始种植，那么"庭燎贲烛"的"贲"就很可能是苴麻。关于苴麻的种植，北魏农学家贾思勰在《齐民要术·种麻子第九》中做出了详细的记载："苴麻，子黑，又实而重，捣治作烛，不作麻……凡五谷地畔近道者，多为六畜所犯，宜种胡麻、麻子以遮止。胡麻，六畜不食；麻子啮头，则科大。收此二实，足供美烛之费也。"在北魏时期，苴麻、胡麻、麻子应当有所不同，但都是用来制烛所用。除此之外，贾思勰还记载了其他可以用来照明的植物，如荏子、红蓝花子、蓁等，"收（荏）子压取油……麻子膏脂，并有腥气……可以为烛。"荏子生长地广，其嫩苗、叶和籽均可食用，含油量高，是一种经济价值较高的油料作物。红蓝花，宋《开宝》释名"红花、黄蓝"，因花红而叶似蓼蓝而得名，含油量为 20%~30%，"一顷收子二百斛，与麻子同价，既任车脂，亦堪为烛。""蓁，粟属。或从木……其一种，枝茎如木蓼，叶如牛李色，生高丈余，其核心悉如李，生作胡桃味，膏烛又美。亦可食啖（噉）。渔阳、辽、代、上党皆饶。其枝茎生樵，爇烛，明而无烟。"❸

❶ 房玄龄，等. 晋书 [M]. 北京：中华书局，1974：1209.
❷ 郭嵩焘. 湘阴县图志 [M]. 长沙：岳麓书社，2012：1043.
❸ 贾思勰. 齐民要术今释 [M]. 北京：中华书局，2009：371.

宋代庄绰《鸡肋编》"胡麻等油料"卷上记载了7种用作照明的油料：胡麻油、杏仁油、红蓝花子油、蔓菁子油、桐油、毗子油、乌柏子油。"油通四方，可食与然（燃）者。惟胡麻为上，俗呼脂麻。""山西又食杏仁、红蓝花、蔓菁子油，亦以作灯。""江湖少胡麻，多以桐油为灯。但烟浓污物，画像之类尤畏之。""又有旁毗子油，其根即乌药，村落人家以作膏火，其烟尤臭，故城市罕用。""乌柏子油如脂，可灌烛，广南皆用，处、务州亦有。"❶《农政全书》中记载江浙多地种植乌臼树，徐光启书中引玄扈先生所言："子外白穰，压取白油，造蜡烛；子中仁，压取清油，然灯极明。"❷胡麻（芝麻）质量最好，但产量少，成本高，价格昂贵，因此更普遍使用的是荏子、红蓝花子、蔓菁子、乌柏子、桐子等植物油；毗子油照明效果差，烟味臭，一般只有相对贫困的农村地区使用。从中医的角度来看，用不同油料照明，对眼睛的影响也各有不同，胡麻油或苏子油的"灯火"能治病，"凡灯惟胡麻油、苏子油燃者能明目治病。诸鱼油、禽兽油、菜子油、棉花子油、桐油、豆油、石脑油、诸灯油，皆能损目，亦不治病。"❸可见，胡麻油、苏油在所有照明油料中质量最佳，烟雾少，明度高。

三、虫蜡

蜡烛的出现，有效解决了油料照明有异味、烟雾浓等问题。汉唐时期的"蜡烛"应当都是蜂蜡所制，《广韵·盍韵》记载："蜡，蜜蜡。"《篇海类编·鳞介类·虫部》记载："蜡，蜜滓也。蜂脾融者为蜜，凝者为蜡。"《方言》记载："燕赵谓之蠓蜥，又名蚴蜕。有蜜者谓之壶。蜂蜜可糖食。房炼为蜡，入油为烛。"❹南朝博物学家陶弘景《本草经集注》中收录有蜜蜡的制作方法："蜂先以此为蜜跖（蹠），煎蜜亦得之。初时极香软。人更煮炼，或少加醋酒，变黄赤，以作烛色为好。"❺

蜜蜡主要来自野外生长的土蜂，西晋张华《博物志·卷十》："诸远方山郡幽僻处出蜜蜡。蜜蜡，蜜蜂腹部分泌蜡汁为巢，取蜂巢煎而溶之，其上浮如油者凝固即成蜜蜡，初为黄蜡，精制则成白蜡。供制烛及药用。"❻当

---

❶ 庄绰.鸡肋编[M].北京：中华书局,1983：32.
❷ 徐光启.农政全书校注[M].北京：中华书局,2020：1374.
❸ 王逊.药性算要[M].北京：中国中医药出版社,2005：16.
❹ 张宗法.三农纪校释[M].邹介正,等,校释.北京：农业出版社,1989：614.
❺ 陶弘景.本草经集注[M].北京：人民卫生出版社,1994：398.
❻ 张华.博物志[M].南京：凤凰出版社,2017：114.

地山民用桶聚蜂，一年收取一次蜂蜜。古代蜂蜡的采集十分艰难，顾况宰《上古之什补亡训传十三章·采蜡》序中说："采蜡，怨奢也。荒岩之间。有以纩蒙其身。腰藤造险。及有群蜂肆毒。哀呼不应。则上舍藤而下沈壑。"❶《太平御览》中引用《会稽记》里的记录，在剡县西边有一座白马山，山势严峻，山中的瀑布有三十余丈高，在山崖中生有蜜房，采蜜的人必须靠着葛藤联结而成的长绳才能到达。采蜜的人往往冒着生命危险，不但要被野蜂叮蜇，还有可能摔下山崖。

因为蜜蜡的采集难度大，产量稀少，蜜蜡为原料制作的蜡烛自然成为稀缺珍品，《西京杂记》记载："闽越王献高帝石蜜五斛，蜜烛二百枚。"❷斛是古代计量单位，唐朝以前，1 斛 =1 石，1 石 =10 斗，《说文解字》记载："斛，十斗也。"1 斗 =12 斤，相当于 1 斛 =120 斤，5 斛 =600 斤。《图经本草》中说一次取蜜三四十斤，"以长竿刺令蜜出取之，多者至三四石"❸。闽越部落是百越的一支，曾帮助刘邦灭项羽，因此首领被封为闽越王，王都设置在今福建福州。南粤王进贡给刘邦 600 斤石蜜，200 枚蜡烛，还有两只观赏鸟，就能让刘邦"大悦，厚报遣其使"，除了有安抚番王之意，也间接证明了这几样物产在汉代都是珍贵的贡品，说明蜡烛不是普通家庭的日用品，而是权势和财富的象征。《世说新语》记载了西晋豪族石崇、王恺斗富的故事，王凯用麦芽糖和饭擦锅，石崇用蜡烛当柴火煮饭，"王君夫以饴糒澳釜，石季伦以蜡烛灼炊。"用蜡烛煮饭，可以说是骄纵奢侈的极端表现了。宋朝寇准也喜欢豪华奢侈的生活，他经常晚上设宴招待朋友，又因嫌弃油灯有油烟，光线不够明亮，只用蜡烛照明，连厕所、马厩等地也不例外。同为宋朝名臣的杜祁公，夜里却只用一盏油灯照明。欧阳修在《归田录》中说："邓州花蜡烛名著天下，虽京师不能造，相传云是寇莱公烛法。公尝知邓州，而自少年富贵，不点灯油，尤好夜宴剧饮，虽寝室亦然烛达旦。每罢官去，后人至官舍，见厕溷间烛泪在地，往往成堆。杜祁公为人清俭，在官未尝燃官烛，油灯一炷，荧然欲灭，与客相对清谈而已。"❹

唐朝时贡烛主要是崖蜜制作而成，据《图经本草》载："黄希曰：崖蜜，成州多产，故贡蜡烛。"❺唐代李吉甫《元和郡县图志》中所记各地进贡赋中就有"白蜡"。其中岭南道谅州"白蜡二十斤"、武安州武曲"白蜡二十三

---

❶ 彭定求,等. 全唐诗 [M]. 北京:中华书局,1960:2930.

❷ 郭洪. 西京杂记 [M]. 西安:三秦出版社,2006:172.

❸ 杜甫. 杜诗详注 [M]. 仇兆鳌,注. 北京:中华书局,1979:673.

❹ 欧阳修. 归田录 [M]. 北京:中华书局,1981:15.

❺ 杜甫. 杜诗详注 [M]. 仇兆鳌,注. 北京:中华书局,1979:673.

斤"、武定州"白蜡二十斤"。❶唐代李林甫《唐六典》中记载了岭南道的特产，其中福禄、邵二州亦产白蜡。❷据《新唐书·地理志》不完全统计，唐代产蜡的州有 50 个，产蜡的州郡达到全部州郡的 14%。陕西永泰公主和章怀太子墓室壁画中还绘有秉烛侍女的形象。

在宋末元初时，人们开始利用白蜡虫的分泌物制作蜡烛。今天所见古代文献中的蜡烛，至少要区分为蜜蜡和虫白蜡两种，蜜蜡色泽偏黄，熔点低，容易淋挂，虫白蜡色泽白，熔点高，光线明亮，蜜蜡价值不如虫白蜡。元朝时人工养蜂技术日趋成熟，从分蜂、收蜂、留蜂、镇蜂、防护、割蜜、藏蜜到炼蜡，形成了一整套养蜂采蜜炬蜡技术，蜜蜡产量增加，蜡烛使用范围扩大。李时珍说："蜡乃蜜脾底也。取蜜后炼过，滤入水中，候凝取之，色黄者俗名黄蜡，煎炼极净色白者谓白蜡，非新则白，而久则黄也。与今时所用虫造白蜡不同。"❸"江浙之地，旧无白蜡。十余年间，有道人至淮间，带白蜡虫子来求售。状如小茨实，价以升计。"❹明代徐光启在《农政全书》中记载："女贞之为白蜡，胜国（注：元代）以前，略无纪载，今则遍东南诸省皆有之。"张宗法的《三农》记载："蜡虫，攘膏虫也。考其始自元兴。"白蜡虫所分泌的高分子动物蜡，主要成分是虫醋酸、虫蜡酸脂，呈结晶状，色白，无臭无味，由于虫蜡用途广泛，既可以入药，又可以制烛，经济价值远远高于蜜蜡，因此得到了大面积的推广。"其利甚博，与育蚕之利上下。白蜡之价，比黄蜡常高出数倍也。"❺

养殖蜡虫的植物"桢"，又名冬青、女贞或万年青。"冬青，子可种，堪入酒。至长盛时，五月养以蜡子。七月收蜡，不宜尽采，留迨来年四月，又得生子取养。"❻《癸辛杂识》《农政全书》《三农纪》为代表的元明清时期文献中，都十分详尽地记录了白蜡虫养殖、取蜡和制蜡的技术。《农政全书》的作者徐光启曾在万历三十八年，亲自种植了数百棵女贞树，培育养殖白蜡虫，然后在书中详尽系统地介绍白蜡虫寄养、收取等方法和时间。

女贞收蜡有二种：有自生者，有寄子者。自生者，初时不知虫何来，忽遍树生白花，（枝上生蜡如霜雪，人谓之花）。取用炼蜡。明年复生虫子。

---

❶ 李吉甫.《元和郡县图志.卷三·关内道三》记载："开元贡：荜豆，白蜡。赋：麻、布、米粟。"《元和郡县图志·卷三十八·岭南道五》记载：文谅贡白蜡二十三斤、安远贡二十斤。"

❷ 李林甫. 唐六典 [M]. 北京:中华书局,1992:72.

❸ 赵汝适. 诸蕃志校释 [M]. 北京:中华书局,2000:215.

❹ 周密. 癸辛杂识·续集 [M]. 北京:大象出版社,2019:329.

❺ 周密. 癸辛杂识·续集 [M]. 北京:大象出版社,2019:329.

❻ 徐光启. 农政全书校注 [M]. 北京:中华书局,2020:1369.

向后恒自传生，若不晓寄放，树枯则已，若解放者，传寄无穷。寄子者，取他树之子，寄此树之上也。❶

　　清代蒲松龄在《农桑经》中增加了如何防虫管理，"宜驱乌蚁，除树下杂草。"他还给出了摘蜡时间、剥取技巧掌握的细节，"凡采蜡，嫩则不成蜡，老则不可剥，大约处暑后剥取。取时，先期洒水润之，则易落，取勿尽，留待来年生子。取后投沸汤，候融，倾入细囊，漉出，又置别锅，锅洼沸汤，再漉一过，去渣，乘热投以绳厌子，则凝成块。"尚秉和在《历代社会风俗事物考》中记载："今日之蜡烛，则产于四川泸州各地之树上，正月时，土人赴云南蒙自购蜡种，归放于蜡树上而食其叶，至五月叶尽，万树皆枯，枝干皆生白衣，远望若雪，将白膜刮下，即蜡油也。……明时树蜡已风行，至于清，凡为烛皆以树蜡，几不知蜜蜡可为烛也。"

　　因为白蜡的品质比黄蜡好，白蜡虫的养殖利润高。因此，明清时期的蜡虫交易极大地推动了贸易的发展和地区间的交流。《农政全书》中提到四川、浙江地区是主要的产蜡区，"蜡子若本地所无，传贸他方者，可行千里。如浙中。独金华业此最盛，而鬻子于绍兴、台州、湖州；川中独南部、西充、嘉定最盛，而鬻子于潼川。其间相去各数百里。"❷ 蜡虫贸易主要是虫种贸易，一般从立夏前摘取虫种到小满前放于寄养的树上（如女贞），只有十几天的时间差，运输必须抓紧时间，否则，蜡虫出卵后就无法寄放，所以当时俗称为"走马贩蜡"。蜡虫贸易自明代后期兴起一直延续到清末，围绕蜡虫交易形成了民间繁华的贸易集市。四川、云南和贵州一带的蜡虫交易，在清朝光绪年间仍然十分兴盛。

　　四川西昌（古称建昌）蜡虫泌蜡量高、质量好，主要销往乐山一带，乐山蜡农有"宁要建昌空壳壳，不要本地满盒盒"的说法，西昌和乐山分工经营，逐渐形成了"建昌虫子嘉州蜡"的格局，四川西昌地区的"赶虫会"远近闻名。据《蜡虫记》中载：

　　近郡城者，各担赴西街、辟庙门、市晚开也；狭院落、篮乱堆也；夜光焰、火炬排也；语音殊、商人来也；评价值、声喧承也；精遴选、意迟回也；权衡定、事已谐也；旅邸归、漏相催也。若十余日，市乃毕。❸

　　《凉山彝族自治州文史资料选辑》中载：

❶ 徐光启. 农政全书校注 [M]. 北京：中华书局，2020：1369.
❷ 徐光启. 农政全书校注 [M]. 北京：中华书局，2020：1371.
❸ 中国人民政治协商会议凉山彝族自治州委员会文史资料委员会. 凉山彝族自治州文史资料选辑：第 9 辑 [M]. 成都：四川人民出版社，1991：176.

蜡虫在宁属，惟西昌出产较盛，摘取于春余夏始（立夏前后），朝摘夕售，蜡虫诸商来自四川嘉眉各属，购归放蜡，为市鲜在日中，大都自日落至二三更时，持炬交易。春夏之交，洪雅、夹江、峨眉市虫之客，千百成群。宁雅大道，旅店充塞。近山乡镇，固多虫市。即城外西街，夕阳西下，售客拥挤。川庙设虫称，灯光灿烂逾夜半，大小商人，旅馆力夫，均希赶虫会，作一岁生计。❶

《会理文史·第9辑》中记载了会理赶虫会，会理位于四川省和云南省的交界处，是两省商旅物资的集散地，"古代南方丝绸之路"南北贯通达100多千米，途径44个乡镇，素有"川滇锁阴"的美誉。会理饲养蜡虫大约开始于明末清初，当地山民利用冬青树挂种蜡虫，蜡虫成熟时，就地设市。因为蜡虫在气温高时更易成熟，因此虫会均在夜市，白天采摘虫籽打包，夜晚在市集售卖，交易持续至黎明散市，到夜晚又继续举行，持续时间一般为16天。前来收购虫籽的商人称为"虫儿客"。因为虫籽必须抓紧运输，在虫卵成熟出壳前挂树，为了保证时间，一般采取昼夜兼程的方式，由两个脚夫轮流挑运，沿途设有脚夫待雇点。虫会结束后，农户开始"挂蜡"，用稻草包好虫卵挂在白蜡树上，蜡虫出壳在树枝上定杆，产出蜡花，蜡花一般在立秋时节成熟，将其采摘下来熬制成白蜡售卖，又形成了白蜡交易的又一临时市集——"蜡花会"。

相比蜂蜡而言，虫白蜡熔点高，所制之烛燃烧后不易淋挂，具有更好的照明效果。用虫蜡制作的蜡烛火焰明亮，但成本过高，为了降低蜡烛成本，制作者通常在其他植物油中加入少量白蜡，即可制成固体的蜡烛，白蜡混合比例的高低直接影响到蜡烛的质量，"凡制烛，每臼油十斤，加白蜡三钱，则不淋蜡；多更佳。常时肆中卖者，臼油十斤，杂清油十斤，白蜡不过一二钱，其烛则淋。"❷ 由于蜡烛燃烧产生的淋挂很像在流泪，文人骚客赋予了它美好的文学意象，在唐宋以来的诗词中，常用"烛泪""蜡泪"来表达思念、离愁等情绪。"蜡烛有心还惜别，替人垂泪到天明。""春蚕到死丝方尽，蜡炬成灰泪始干。""亭亭蜡泪香珠残，暗露晓风罗幕寒。""蜡烛泪流羌笛怨。偷整罗衣，欲唱情犹懒。""惜别终宵话不休，煌煌灯烛照离愁。蜡花本是无情物，特向人前也泪流。"

18~19世纪，中国蜡（Pela）由一些来华的旅行家、传教士、博物馆学家等通过信札或游记的形式介绍到欧洲。利玛窦（Matteo Ricci）在《中国

---

❶ 刘正刚. 东渡西进—清代闽粤移民台湾与四川的比较 [M]. 南昌：江四高校出版社，2004：198–199.
❷ 吴其浚. 植物名实图考长编：22卷 [M]. 北京：商务印书馆，1959：147.

札记》中写道:"中国人用糖比蜂蜜更普遍得多,尽管在这个国家两者都很充裕。除了从蜂取蜡外,他们还有一种更好的蜡,更透明、不那么粘、烧起来火焰更亮。这种蜡是从养在一种专用树上的小蠕虫得到的。他们还有第三种蜡,是用某种树上的果实制成的,也和第二种蜡一样透明,但火焰的照明能力却差得多。"❶1741 年 1 月 15 日,汤执中(Father de Incarville)在书信中提到中国一个省产白蜡和取蜡制烛的情况;1853 年骆克哈特(James Stewart Lockhart)从上海将白蜡的样品连同白蜡虫送到英国进行研究,1872 年李希霍芬(Richthofen)旅行书信中记载了他在四川学到的取白蜡方法。另外,葡萄牙传教士安文思(Gabriel de Magalhaes)在《中国新史》中全面地搜集了"中国虫蜡"的资料。

中国的蜡是世界上最漂亮的、最干净和最白的;尽管它不像欧洲的蜂蜡那样普通,仍然足以供应皇帝及宫廷之用,也供应贵人、王侯、在职的曼达林(行政官员)、文人及富人。它在好几个省都有发现,但湖广省(湖北、湖南、广东全境,以及广西、贵州的一部分)最丰富、最白且最漂亮。它产自一种树,这种树山东省的小,湖广省的大,如同东印度的榕树或欧洲的栗树。但蜡不是像松树脂那样从树里渗出,而是产自一种特殊的自然过程。在这些省里有一种小虫,没有蚕大,但它们不停地活动着,噬咬有力而渗透迅速,不仅能飞快刺入人和动物的皮肤,还能钻入树干、树枝。山东省产的最珍贵,那里的居民从树里取出这些虫的卵,储存起来。这些卵春季变成小虫,他们把虫装在大空竹筒里,运到湖广去售卖。春初他们把这些虫放在树根处,虫子并不停留在根部,而是以难以想象的速度爬上树干,可以说本能地占据枝杈。它们在那里始终以惊人的能力活动着,噬咬并钻进每棵树心。然后,从它们在树皮上钻的孔里渗出液体,经过风寒,凝结成囊一样悬挂在树上。这时树的主人去采集,把它制成蜡饼,在全国售卖。❷

在安文思的记载中,主要提及湖广❸、山东等地的白蜡虫,并且提及了从山东到湖广的蜡虫贸易流通。安文思没有提到西南地区的蜡虫交易,尤其是四川地区的"赶虫会""蜡花会"等。但是在英国人谢立山(Alexander Hosie)所著的《华西三年:三入四川、贵州与云南行记》中,专门辟出一章书写"中国的白蜡虫",介绍欧洲卫匡国(Martino Martini)、安文思、儒莲(Stanislas Julien)、李希霍芬等人对白蜡虫的介绍。至于他自己考察白

❶ 利玛窦,金尼阁. 利玛窦中国札记 [M]. 何高济,王遵仲,李申,译. 北京:中华书局,2010:54.
❷ 安文思,利类思,许理和. 中国新史 [M]. 何高济,译. 郑州:大象出版社,2016:89-90.
❸ 湖广,作为地名,在明清时代及其以后指两湖(湖北、湖南)。——编者注

蜡虫的原因，则是来自英国外交部的政治指令。"1884 年春，我收到外交部的指令——为约瑟夫·虎克爵士获取蜡虫繁殖和分泌蜡的白蜡虫树的植物与花干标本、包裹着蜡质的嫩枝标本、虫蜡进行商业流通时的块状样品以及由虫蜡制成的中国蜡烛样品。"❶ 可见，中国白蜡虫与欧洲的贸易流通以及影响，也是值得深入研究的问题（图 1-12）。

图 1-12
《清国京城市景风俗图·卖蜡》

图 1-13
《石脑油》 明万历时期彩绘本插图

四、石蜡

石脑油即石油，古代又称石脂水、火油、猛火油、石蜡、火井油等（图 1-13）。自沈括《梦溪笔谈》为其命名"石油"，后世一直沿用此词。石油用来照明，在《博物志》《酉阳杂俎》《水经注》《本草纲目》中都有记载，晋代张华《博物志》中记载："酒泉延寿县南山出泉水，大如笪，注地为沟。水有肥如肉汁，取著器中，始黄后黑，如凝膏。然极明，与膏无异。不可食。膏车及碓釭（釭）甚佳，彼方谓之石漆。"❷ 唐代《酉阳杂俎》记载："高努县石脂水，水腻，浮上如漆，采以膏车及燃灯，极明。"❸ 高努县在今陕西延安城东（一说为陕西安塞县），秦时设置上郡。陕西延安一带应该盛产石油，并被当地人用来点灯照明。陆游在《老学庵笔记》中写道："烛出延安，予在南郑数见之，其坚如石，照席极明，亦有泪如蜡，而烟浓，能熏汗帷幕

---

❶ 谢立山. 华西三年：三入四川、贵州与云南行记 [M]. 韩华，译. 北京：中华书局，2019：149.
❷ 张华. 博物志 [M]. 南京：凤凰出版社，2017：127.
❸ 段成式. 酉阳杂俎 [M]. 北京：中华书局，2015：729.

衣服。"● 明代《新增格古要论》也记载有："石脑油出陕西延安府。陕西客人云，此油出石岩下水中，作气息，以草拖引煎过，土人多用以点灯。又云浸不灰木，浸一年，点一年，理或然也，姑俟试之。"❷ 又载这种不灰木产自山西泽州和潞州的山中，坚硬如石，用纸裹不灰木，浸泡在石脑油中，"点灯可照夜，烧不成灰"。沈括在《梦溪笔谈》中做了进一步解释，"土人以雉尾裹之，乃采如缶中。颇似淳漆，燃之如麻，但烟甚浓，所沾幄幕皆黑。"郦道元在《水经注》中又说："水有肥如肉质，取着器中，始黄后黑，如凝膏，然极明，与膏无异。"元代专设灌烛工场，用石蜡制烛。"官长夜行，则以竹筒贮而燃之，一筒可行数里，价减常油之半，而光明无异。"清代赵学敏《本草纲目拾遗·卷二》引常中丞《宦游笔记》："西陲赤金卫东南一百五十里，有石油泉。色黑且臭，土人多取以燃灯，极明，可抵松膏。"

因为石油的颜色浓黑，古人又称其为"漆灯""漆炬"。《太平御览》载："肃州延寿城有山出泉注地，水肥如肉汁，燃之极明，与膏无异，但不可食，此方人谓名漆，得水愈炽。"在《水经注》《酉阳杂俎》等文献中，都曾记有石漆，用来点灯，火焰明亮，且遇水不息。但是，石油在燃烧时会产生很浓的烟雾，容易熏黑室内的各种家具陈设，长久使用还会对人的眼睛造成损伤，因此，石油并不是日常生活中常用的照明燃料。

古代认为漆灯可为亡故的人照明指路，据说阖闾夫人的墓室中，"漆灯照烂如日月焉"，唐代韩偓《炀帝开河记》中记载古墓"漆灯晶煌，照耀如昼"。龙衮《江南野史》中，记有筠阳高安人沈彬，生平虚怀好道，临终前给家人指定一处古冢作为墓穴，"观其间俨然，且绝朽腐之物，复见一石灯台，上有一盂，圹头获一铜牌，上镌篆文，云：'佳城今已开，虽开不葬埋。漆灯犹未爇，留待沈彬来。'"❸ 这本书主要记载的是南唐史事，既然是"野史"，就不像正史书写规范，但是后世很多引用此书所载。

漆灯在民间又被称为"鬼灯"，李贺《感讽五首·其三》写道："漆炬迎新人，幽圹萤扰扰。"曾益注："漆炬，鬼灯也；新人，新葬之鬼。"王琦解："幽圹，墓冢也。萤扰扰，谓鬼火聚散如萤光之扰扰。"❹ "漆灯"因此又专指冥界，古诗中有多处出现"黑风吹沙明月死，不闻人声闻鬼语。漆灯穿空火似星，引得孽狐鸣楚楚。"（《古战场行》）"石脉水流泉滴沙，鬼

● 陆游. 老学庵笔记 [M]. 郑州：大象出版社，2019：172.
❷ 王佐. 新增格古要论 [M]. 杭州：浙江人民美术出版社，2019：243.
❸ 龙衮. 江南野史 [M]. 郑州：大象出版社，2019：133.
❹ 李贺. 李长吉歌诗编年笺注 [M]. 北京：中华书局，2012：366-367.

灯如漆点松花。"（《南山田中行》）在一些地方，亡故之人下葬时有"启漆灯"仪式，点燃漆灯时，儿孙跪拜，女眷哭丧，目的是祈求神灵为亡灵打开冥界的指路灯，让逝者灵魂找到归处。现存辽阳明末张春的墓志铭中，书有"水浸棺恰启漆灯以预待"，应该就是这种丧葬仪式的记录。

但是这种漆灯到底是不是石脑油，实难确证。一种观点认为漆灯使用的是漆树的油脂。中国古代漆树种植历史悠久，至迟在春秋时期已广泛种植，周朝曾设"漆园吏"一职管理漆树，据说庄子就曾担任过漆园吏一职，王叔岷引中井积德所注："蒙有漆园，周为之吏，督漆事也。"《史记》中载"梁有漆园，楚有橘柚园。"❶ 但是，尚未有明确的文献证明漆树油脂用于照明，因为生漆是一种高致敏植物，与之接触轻者皮肤红肿，重则呕吐腹泻甚至导致中毒性肾病。因此，漆树油脂作燃料的可能性较小，而采用石油作为燃料的可能性就比较大。

宋人唐慎微撰写的《重修政和经史类备用本草》曰："堪燃烛膏半缸如漆，不可食。……今检不见其方，深所恨也。"❷ 清代吕柳文等纂修的《叶县志》"丘墓"中也发出难寻"漆灯"文献的感叹，"非止玉鱼、金碗之悲，银海、漆灯之诞，徒佐谭资已矣。"❸《太平广记》中，转引了《刘氏耳目记》所记载的一则典故，幽州从事温璋曾在市场中低价购买了一盏漆灯，他以为这是一盏铁制灯盏，结果家里人在擦拭灯盏时，才发现这原来是一盏银灯。刘禹锡及李时珍都说过石脑油最好是用瓷器保存，因为"其性走窜，渗透各种器具，只有瓷器、琉璃器皿不漏。"但《太平广记》的记述中温璋以为"漆灯"是铁，似乎又与此说法有异。

清代薛福成在《出使英法意比四国日记》中记载了清朝与欧洲四国的贸易往来，其中就涉及制烛材料，瑞士的出口货物中有牛羊脂（用于制烛），英国人提炼石油制烛，"石油一物，向来蜀人以代兰膏，焚爇继晷。道光二十六年，英人伯来佛在英国见石油泉，始炼为烛。又设一法，将层石所含之油，蒸出制烛，其价更廉。今美国亦以所产石油制烛矣。亚洲之里海，石油最多，有运往欧洲供燃灯者；以致鲸鱼油、菜油所制之烛，多乏销路，人皆改业。"❹ 据此参考，西方掌握了提炼石油制作蜡烛的技术，对传统的植物油脂和动物油脂制烛业冲击很大，甚至从一定程度上导致它们从

❶ 王叔岷. 史记斠证 [M]. 北京:中华书局,2007:2307.
❷ 唐慎微. 重修政和经史证类备用本草:上 [M]. 陆拯,等,校注. 北京:中医古籍出版社,2013:231.
❸ 胡传淮,陈名扬. 南明宰相吕大器 [M]. 北京:现代出版社,2016:248.
❹ 薛福成. 薛福成日记:下 [M]. 长春:吉林文史出版社,2004:667.

市场上消失。

　　鱼油、猪油、牛油等动物油脂作为照明燃料，油脂凝固点低，呈半液态状，需要盛装在容器中，再辅以引火材料（灯芯），引火材料除了柔软的灯芯草或棉线，也有硬质的竹片等，这种燃烧方式逐渐发展成两种照明工具，一是油灯，二是烛灯。烛灯逐渐发展成更成熟的管状烛，使用方便，又可施以色彩和花纹，使得蜡烛和灯座一样成为装饰的载体。蜡虫养殖技术的发明和推广，更是将蜡烛业推上了一个新的台阶。在宋元时期的绘画中，可以看到烛灯使用已经在贵族、士人及富人家庭中普及，烛灯取代油灯成为主要照明工具。而管状蜡烛的普及，更是催生了各种造型精美的烛台设计和制作，成为中国古代照明器物中的另一大特色。

第二章

明而动，晦而休：
中国古代社会昼夜观念

《庄子·让王》中，舜准备将天下禅让给善卷，善卷不愿意放弃天地逍遥的快乐，拒绝接受王位，他对舜说："余立于宇宙之中，冬日衣皮毛，夏日衣葛絺。春耕种，形足以劳动；秋收敛，身足以休食；日出而作，日入而息，逍遥于天地之间而心意自得。吾何以天下为哉！悲夫，子之不知余也！" ❶ 同样，先秦《击壤歌》中的老农也十分享受这种生活状态，他说："日出而作，日落而息，凿井而饮，耕田而食。帝力于我何有哉！" ❷ 善卷和老农分别代表了早古时期截然不同的两种群体，一个是王权核心，另一个是底层老农，都以太阳升降起落为依据，来安排自己的劳动和休息时间。简单来说，就是太阳出来就工作，太阳降落就休息，它代表了中国古代社会人们对于宇宙和时间的基本理解。

第一节 召火与日

昼，会意字，从日从画。从日，表示太阳。从画，表示一种界限。《说文》曰："昼，明也。日之出入，与夜为介。"《周髀算经》中也说："昼者，阳。"夜是指从天黑到天亮这段时间。《左传·庄公七年》："辛卯夜，恒星不见。""夜者自昏至旦之总名。"

在古代神话中，日与月相对，昼与夜相对。人们以太阳起落划分昼夜，太阳万物的主宰，是宇宙的中心。中国古代神话体系比较模糊，并没有形成鲜明的日神崇拜体系。但是，各种关于白天黑夜、光明黑暗的神祇、神物、神兽等，都与太阳有千丝万缕的联系。主要的说法有以下三种：

第一，太阳是羲和之子。屈原在《楚辞·九歌》中称呼太阳为东君，"暾将出兮东方，照吾槛兮扶桑。"太阳从东方升起，照耀着扶桑树。在古人的心中，天地之间有两棵巨大的神树相连，那就是扶桑和若木，太阳就栖息在扶桑树上。《山海经》中描述："汤谷上有扶桑，十日所浴，在黑齿北。居水中，有大木，九日居下枝，一日居上枝。"太阳是帝俊和羲和的儿子，"东南海之外，甘水之间，有羲和之国。有女子名曰曦和，方日浴于甘渊。羲和者，帝俊之妻，生十日。"月亮是帝俊和常羲的儿子，"有女子方浴月。帝俊妻常羲，生月十有二，此始浴之。"羲和掌日月，主四时，分

---

❶ 王夫之. 庄子解 [M]. 北京:中华书局,2009:326.
❷ 皮锡瑞. 尚书大传疏证 [M]. 北京:中华书局,2015:341.

晦明。在古人心目中，太阳出来是白天，月亮出来是黑夜，这就是"日月之像"。

> 羲和，盖天地始生主日月者也。故《启筮》曰："空桑之苍苍，八极之既张，乃有夫羲和，是主日月，职出入，以为晦明。"又曰："瞻彼上天，一明一晦，有夫羲和之子，出于汤谷。"故尧因此而立羲和之官，以主四时。（《山海经笺疏·大荒南经》）

羲和每天驾驭龙车，载着太阳从东往西，"抚余马兮安驱，夜皎皎兮既明。"途中休息进食，早、中、晚一日三餐，"临于曾泉，是谓早食"，"次于桑野，是谓晏食"，"于悲谷，是谓晡食。"据文献史料的记载，先秦时期普通家庭是"两餐制"，只有特权阶层才一日食三餐。《汉书》中记载，淮南厉王刘长获罪后，依然享受着诸侯王的生活待遇，其中有一条就是每天"三食"。人们根据太阳的运行规律，结合自身的生活习惯，逐渐形成"一日三餐"的习俗，同时将这种习惯神圣化，并和羲和驾龙车御日的神话联系在一起。

第二，太阳是盘古垂死化身。据说盘古出生时，宇宙蒙昧混沌，没有天地日月和四时的变化。盘古长了一万八千年，生长受到束缚，于是就用斧头劈开宇宙，天地分开；又过了一万八千年，盘古身死，他的眼睛变成了太阳和月亮，身体的各部分变化成山川河流。

> 首生盘古，垂死化身，气成风云，声为雷霆，左眼为日，右眼为月，四肢五体为四极五岳，血液为江河，筋脉为地里，肌肉为田土，发髭为星辰，皮毛为草木，齿骨为金石，精髓为珠玉，汗流为雨泽，身之诸虫，因风所感，化为黎氓。（《绎史·卷一》引《五运历年记》）

第三，烛龙传说。太阳不能普照到每一个角落，那么，对于太阳照射不到的地方，又是靠什么来获得光明呢？屈原在《天问》中说："日安不到，烛龙何照？曦和之未扬，若华何光？"同时又回答说，在太阳照射不到的地方，有龙衔烛照明，"言天之西北，有幽冥无日之国，有龙衔烛而照之也。"据《山海经·大荒北经》载："西北海之外，赤水之北，有章尾山。有神，人面蛇身而赤，直目正乘，其瞑乃晦，其视乃明。不食，不寝，不息，风雨是谒。是烛九阴，是谓烛龙。"《山海经·海外北经》载："钟山之神，名曰烛阴，视为昼，瞑为夜，吹为冬，呼为夏，不饮，不食，不息，息为风，身长千里。"《山海经》中的烛龙的眼睛掌控着明暗，它睁眼时是白天，闭眼时是黑夜。姜亮夫认为烛龙传说与中国古代的束薪照明的方式有关，用柴草缚扎成的火烛，形状像龙蛇。"古人束草木为烛，修然而长，以光为热，远谢日力，而形则有

似于龙。龙者，古之神物，名曰神，曰烛龙。"❶

　　由于中国古代神话具有泛神论的特点，关于创世的传说有多种版本，执掌天地四时人间万象的神祇也不尽相同，甚至从表象上来看，对于昼夜变化表述中，还有不少矛盾的地方。但是，从昼夜的隐喻关系上，无论是"羲和浴日"或"盘古化身"，昼夜变化都是以太阳的行动轨迹为主，或者说，"羲和浴日"表现的是中国先民的循环的、线性的时间规律，羲和每天御龙驾日从东到西，人间则经历日出到日落的时间变化。"盘古化身"更侧重表达中国先民的宇宙观，盘古双目化为日月，则是拟人的、整体的空间表达。

　　那么，古代人如何用图像的语言来表达他头脑中的日月之像呢？四川广汉三星堆祭祀坑中出土的两株青铜神树，似乎是对《山海经》中上古神树的再现。三星堆Ⅰ号青铜神树通高 3.96 米，是我国迄今为止最大的一件青铜文物（图 2-1）。铜底座由三面三角状镂空的弧面构成神山的意象，上面装饰有云气纹。铜树分为三层，每层有三枝，每条树枝上站着一只神鸟，一条龙沿着树身蜿蜒而下。九只神鸟应与"十日居上枝"的传说有关，至于为何铜树上只有九只鸟，有可能是顶部本身铸饰着的一只已经遗失，也可能想表达还有一只鸟正在天上值日。❷

　　2001 年成都金沙遗址发掘出土了"商周太阳神鸟"金饰（图 2-2），整

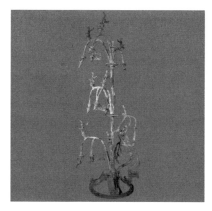

图 2-1
三星堆Ⅰ号青铜神树　高 396 厘米　商代　三星堆博物馆藏

图 2-2
商周太阳神鸟金饰　外径 12.53 厘米　内径 5.29 厘米　厚 0.02 厘米　成都金沙遗址博物馆藏

---

❶ 姜亮夫. 姜亮夫全集·第一辑：楚辞通故 [M]. 昆明：云南人民出版社，2002：193.
❷ 三星堆博物馆官网，文物典藏栏"青铜神树"词条。

图 2-3
长沙马王堆汉墓出土 T 形帛画
湖南博物馆藏

图 2-4
长沙马王堆汉墓出土 T 形帛画中
的金乌和扶桑　湖南博物馆藏

体为圆形，外径 12.53 厘米，内径 5.29 厘米，厚 2 毫米。金饰分为内外两层，内层等距离分布有 12 条齿状纹，呈顺时针旋转。外层装饰有 4 只飞鸟，三爪趾，等距离分布在内层太阳的周围。三星堆青铜神树上的九只神鸟和金沙遗址的"太阳神鸟"金饰，应当就是"金乌负日"神话的图像呈现。

《淮南子·精神训》中说："日中有踆乌。"踆乌即指三足乌。汉代社会追求长生不老的思想，在绘画中有大量表现升仙的内容，西王母、金乌、龙、凤等，都是代表天界的流行符号。长沙马王堆汉墓出土的 T 形帛画，采用三段式构图，建构出人们心中天上、人间和地下的空间体系（图 2-3）。帛画上段是"天界"，上首居中的是人首蛇身的西王母，右侧画着一轮极其醒目的红色太阳，太阳中间站着一只黑色的三趾乌（图 2-4）。红日下是扶桑树，树间分布着 8 个太阳，一条龙昂首盘旋在树上。左侧画着一个弯月，上面站着蟾蜍和玉兔。先秦两汉时期，人们认为宇宙具有天界、人间、冥界三个层次，各个层级既独立又相互联系，山与海是连接天地的通道。昆仑山是众神的居所，垂直如柱，东海是天地的边缘，平行绵延。高山（昆仑）喻示天之"高"，大海喻示地之"远"，神树（扶桑、若木、建木）成为联结天地空间的重要桥梁，天界神仙、神物（龙、金乌等）经由神树实现天上人间的往来。由于古代图像和语言指称往往具有很强的隐喻性和多义性，当人们试图将想象中的世界具象化时，神树就变成了沟通天地神人的特定图腾，并以各种吉祥动物的拱围来营造出理想的图景，而太阳、金乌、神树的图像象征着古人心中的天地空间。"金乌海底初飞来，朱辉散射青霞开。""看东溟渐升玉兔，早西山坠尽金乌。"圆轮、三足乌就构成了约定俗成的太阳符号。现藏于河南省博物院的红绿釉陶灯的造型与汉代图像中的金乌形象相近，该灯的蟾形灯座、兔形灯柱头、鸟形灯盘，都具有较为明确的神话指代性（图 2-5）。鸟形灯盘象征太阳（金乌），兔和蟾蜍代表月亮，代表白昼的"日"和代表黑夜的"月"，结合在一起就是"明"。

秦汉时期的多枝灯，也是这种天地空间观念的反映。秦汉时期流行升仙得道的思想，认为人死之后可以升入天界，继续享受人间的奢华生活。多枝灯的"神树""神物"与三星堆青铜神树类似，承载了贯通天地的象征意义，代表着墓室主人对死后得道成仙的美好祈愿，因此在先秦两汉时期常作为重要的随葬明器，迄今发现的多枝灯都是出自贵族墓葬。在汉代的画像砖中也发现了多枝灯的形象，四川汉代的羽人六博画像石中绘有一座八枝连盏灯（图2-6）；甘肃省高台县博物馆藏的一幅棺板画上面画着一盏九枝灯；江苏绥宁县九女墩东汉墓祥瑞图中，也有类似的一盏九枝灯。在汉代神话中，九光之灯是西王母的象征。张华在《博物志》中载："七月七日夜漏七刻，王母乘紫云车至于殿

图2-5
红绿釉陶灯　西汉　高27.8厘米　河南省博物院藏

西，南面东向，头上戴七种青气，郁郁如云。有三青鸟，如乌大，使侍母旁。时设九微灯。"❶多枝灯以树干作为灯杆的主体，再根据盏数的需要，分层错落设置支撑灯盘的盏托，仿若大树生长的枝丫，根据具体的需要灵活处理灯盏的数量。三枝、四枝、五枝、九枝、十二枝、十三枝、十五枝至几十上百盏不等。河北中山王墓出土的十五枝连盏灯很容易让人联想到三星堆的青铜神树（图2-7）。该灯高82.9厘米，座径26厘米。底座由三条蜷曲的夔龙构成，三只独首双身虎口衔圆环，支撑着夔龙底座。底座上有

图2-6
羽人六博图　汉画像石

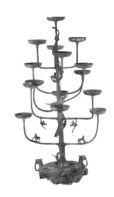

图2-7
十五枝连盏灯　战国　河北省博物院藏

❶ 张华.博物志[M].南京:凤凰出版社,2017:103.

两名男俑仰着头，仿若正在抛食戏猴，树上有八只猴子腾挪嬉戏，还有一条螭龙沿着树干攀绕而上。树枝上站着的小鸟，也有可能就是金乌的象征。十五只灯盘错落有致，分布于树枝上，灯盘中间有锥状烛钎。多枝灯以大树分枝为基本造型，逐渐发展出了不同的形态，如黄冈禹王城出土的三翼龙座九连青铜灯，甘肃省博物馆的十三枝连盏铜灯、武威十六国时期的十二枝连盏灯等。迄今为止发现灯盏最多的是流失海外的九十六枝连盏灯。

隋唐时期流行的佛教法器"灯轮"，可以同时设置多盏灯烛，点燃时光尘煌煌，状若火树。隋唐时期的文学作品中对"灯轮"的描绘层出不穷，如"法轮天上转，梵声天上来""神灯佛火百轮张""舞城苍颉字，灯作法轮王""芳霄殊未极，随意守灯轮"等。可见当时这种大型灯轮颇为流行。《佛祖统纪·卷十四》中载："睿宗先天元年，西门婆罗请燃灯供佛，帝御延喜门临观，灯轮高二十丈，点金银灯五百盏，望之如花树。"《法苑珠林·卷三五》引《灌顶经》中描述"灯轮"为"七层之灯，一层七灯，灯如车轮。"在莫高窟初唐第 220 窟药师经变图中，左右各伫立一盏大型四层药师"灯轮"，图的中央则是一座九层的灯楼。此图中的三座豪华灯具可以看作秦汉时期多枝灯的形态延展，此时器物本身所承载的神话传说色彩消失，因此对于神树和神物的表现不再是重点，但是多枝灯将多盏灯组合在一起的设计原理，却被"灯轮"借用。这种灯树的形态已经相对比较抽象，在新疆吐鲁番阿斯塔那墓出土的织锦残片中的塔形灯树，与该经变图中的灯树形态形似，都是分层放置数量不等的彩灯。

隋唐时期，多枝灯的神话色彩和宗教因素逐渐减弱，演变为世俗生活中的"灯树"，主要用于节庆（上元灯节）或贵族宴会，带有很强的娱乐性和装饰性。《开元天宝遗事》中记载唐朝韩国夫人设置的百枝灯树"高八十尺，竖之高山上，元夜点之，百里能见，光明夺月色也。""杨国忠子弟，每至上元夜，各有千炬红烛围于左右。"以"灯"为中心开展的娱乐活动带给了人们感官和情感上的享乐，与其他的节庆不同，元宵节强调了夜间这一特殊时段的娱乐狂欢，那么类似于灯树这种大型灯彩，无形中变成了一种吸引公众聚集娱乐的装置，"万千少女妇人于灯轮下踏歌三日夜，欢乐至极。"随着市民经济的兴起和发展，元宵灯节盛行，灯树更是化身为公共空间娱乐的巨型灯光装置。总的来说，多枝灯这种组合型的灯具上承载着中国传统文化里的复杂底蕴，从神话传说、宗教信仰到世俗生活，在它的形制演变上打下了深刻烙印。

人类从学会利用自然火种到使用火烛照明，再到有目的性地制造定型灯具，经历了漫长的认识和发展历程。古先民发现火，开始利用火来炊煮食物、抵御寒冷、驱逐黑暗，告别了茹毛饮血的原始生活，从而迈出了人类文明史上的关键一步。人们对火充满了敬畏之心，在缺乏自然科学认知的背景下，诞生了各种关于火的神圣传说。最有代表性的说法是燧人氏钻木取火。"太古之初，人吮露精，食草木实，穴居野处。山居则食鸟兽，衣其羽皮，饮血茹毛；近水则食鱼鳖螺蛤。未有火化，腥臊多害肠胃，于是有圣人以火德王，造作钻燧出火，教人熟食，铸金作刃，民人大说，号曰燧人。"❶燧人氏发明了钻木取火，人类才迈出了征服自然的伟大一步，开启了人类文明的曙光。传说里，燧人氏见到鸟啄树发出的火花，受此启发，才萌生了钻木取火的行为。这项发明中，火树和鸟是重要的媒介，我们不禁可以猜想，各地出土数量众多的多枝灯如果是神树的象征，而鸟作为连枝灯的重要装饰，是否也受到了"燧人氏取火"传说的影响，将鸟看作传导火的重要媒介。因此，许多连枝灯的柱头上，都有鸟作为装饰。广西壮族自治区博物馆藏的扶桑树灯共有十枝灯盏，灯盘呈心形，中间有锥状烛钎。这盏灯的树座和树干构造简洁，没有雕饰蟠龙之类的神异之物，但是在树干顶端的灯盘沿口塑造了一只鸟头形象。

人们发现火的用途很多，《太平广记》载："所能者，大则铄金为五兵，为鼎鼐钟镛；小则化食为百品，为炮燔烹炙。动即煨山岳而烬原野，静则烛幽暗而破昏蒙。"取火、保存火种、用火等，都需要专人负责，由此产生了早期的掌火官——"火正"，《春秋左传》中所记"火正"有阏伯、祝融。"陶唐氏之火正阏伯居商丘，祀大火，而火纪时焉。"传说阏伯是高辛氏的儿子，居住在现河南商丘一带，是尧任命的火正。火正的职责是观星象、定农时、分季节，既要通过观测星象来指导农时，还要通过火祭的仪式，指导人们运用"火"为农业生产服务。阏伯被称为火正的始祖，在南宋时更是被尊崇为国运神之一，对于火神阏伯的祭祀更是一直延续到清代。

夏官系列中设置有"司爟"一职，《周礼正义》载："司爟掌行火之政令，四时变国火，以救时疾。"❷司爟的职责与古代火正的职责相似，都是掌管取火和管理火种、出火、内火以及施火令等。秋官系列中设有"司烜"，"掌以夫遂取明火于日，以鉴取明水于月，以共祭祀之明齍、明烛，共明水。凡邦之大事，共坟烛、庭燎。中春，以木铎修火禁于国中。军旅，修火

❶ 马骕. 绎史 [M]. 北京:中华书局,2002:6.
❷ 孙诒让. 周礼正义 [M]. 北京:中华书局,2015:2885.

禁。"祭祀天神、宗庙，都要用明水、明火，也就是用阳燧取火和阴鉴取水，目的是连接日月之气，以通鬼神。《周礼》记载的职官系列中，负责王宫警卫的"宫正"，也涉及对用火的管理，"春秋以木铎修火禁。凡邦之事跸宫中庙中，则执烛。"遇到国家大事，宫正必须要在宫庙中掌火烛以供照明。

司爟和司烜虽然都是负责"火"的职官，但各自有所侧重，司烜负责重大祭祀和典礼的"火"，需"召火于日"，所用的取火工具是"夫遂"，也就是阳燧，又称为金燧、火镜。顾炎武认为古代用火有两个系统，一是阳燧取火，主要用于国家祭祀；二是木燧取火，主要供日常生活使用。阳燧是利用金属凹面镜聚焦原理，将太阳光的热量聚集于一点，《淮南鸿烈集解》记载："取金杯无缘者，熟摩令热，日中时，以当日下，以艾承之，则燃得火也。"❶ 也就是将艾绒放在凹面铜镜的中央，置于烈日下，阳光聚焦生热，点燃艾绒，取得火种。因为阳燧是"召火于日"，取自天火，所以具有神圣性。王充《论衡》对阳燧取火的原理做出了科学的解释，他同时也提到，人们用刀剑之类的金属器具，摩擦生热之后面向烈日，虽然也能获得火种，但是却非阳燧聚焦阳光的取火原理。"阳遂取火于天，五月丙午，日中之时，消炼五石，铸以为器，磨砺生光，仰以向日，则火来至。此真取火之道也。今妄以刀剑之钩月，摩拭朗白，仰以向日，亦得火焉。夫钩月，非阳遂也，所以耐取火者，摩拭之所致也。"❷

从目前的出土情况来看，阳燧类似于铜镜，正面内凹，能聚焦阳光生热引火（图 2-8）。因为"召火于日"的神圣色彩，人们认为阳遂能通天地，进而被当作重要的祈福辟邪物。除了类似于铜镜的实物，阳燧还以图像和文字的形式出现在器物装饰或画像砖瓦上。在一片残缺的陶片上刻有一只鸟纹，旁边题有"阳遂虫"（图 2-9）。在朝鲜的一处墓室壁画上有一只大鸟，旁边有"阳燧之鸟，履火而行"八个大字（图 2-10）。先秦两汉时期的灯具

图 2-8
狮纹阳燧　唐　中国国家博物馆藏

---

❶ 刘安. 淮南鸿烈集解 [M]. 北京:中华书局,2013:82.
❷ 王充. 论衡校释 [M]. 北京:中华书局,1990:76.

图 2-9
阳燧虫　东汉陶片　周季木藏

图 2-10
阳燧鸟　朝鲜大安德兴里高句丽墓壁画

中，常常有鸟作为装饰，可能含有阳遂鸟"召日取火"的巫术象征意义。孙机先生认为："从良渚玉器上的鸟纹、到阳燧鸟以至阳乌，都和鸟柱灯上的鸟的用意有相通之处……在庄严的祭礼中，用阳燧镜在神鸟背上引起炎炎明火，使关于太阳的神话在众目之前呈现，会使在场的与祭者感受到不同寻常的感染力。这样，它也就成为点燃'明火'的神灯，照耀祭品的'明烛'了。"❶

第二节　宵禁夜行

先民依靠对自然物象的人格化，建构起了想象中的宇宙秩序。在原始社会，当太阳出来时，人们才能看得见，才能展开渔猎及各种生产活动，才能更好地发现隐蔽的危险。太阳降落，黑暗来临，人们处在缺乏视物做事的基本光线环境中，黑暗同时也为危险提供了隐蔽的天然条件。先民通过主动适应太阳升降起落形成的自然条件，来安排劳动和休息的时间，逐渐形成了"日出而作，日落而息"秩序基础。在此基础上，有了"昼夜"的时间观念。"昼"就是从太阳从出到入的这个时间段，"日之出入，与夜为界，从画省，从日。"甲骨文中"昼"作，"夜"指的是从天黑到天亮的时间。《说文解字》中载："夜，舍也。天下休舍也。从夕，亦省声。"郑玄注解："夜，夜漏未尽鸡鸣时也。"夜晚时，人们需入舍休息。

---

❶ 孙机. 从历史中醒来：孙机谈中国古文物 [M]. 北京：生活·读书·新知三联书店，2016：337.

在没有照明条件的夜晚，天黑以后不能视物，人们无法像白天一样从事各种活动。古时的生存条件恶劣，夜晚更是隐藏着众多不可预知的危险，保持休息和静止的状态，才是最安全和合乎现实的选择。这种遵循自然规律的时间得到了儒家的推崇，经过儒家思想的灌输和强化，逐渐发展成为传统社会的社会秩序观和道德伦理观。"或曰何谓天理？日饥而食，渴而饮，天理也；画（晝）而作，夜而息，天理也。"❶

在等级森严的封建社会，儒家对不同群体作息的规定又有所不同。在《国语·鲁语下》中，"敬姜论劳逸"一节详细阐述了天子、诸侯、士大夫、庶民为代表的不同阶层的作息规定：

是故天子大采朝日，与三公、九卿祖识地德；日中考政，与百官之政事，师尹惟旅、牧、相，宣序民事；少采夕月，与太史、司载，纠虔天刑；日入监九御，使洁奉禘、郊之粢盛，而后即安。诸侯朝，修天子之业命，昼考其国职，夕省其典刑，夜儆百工，使无慆淫，而后即安。卿大夫朝考其职，昼讲其庶政，夕序其业，夜庀其家事，而后即安。士朝而受业，昼而讲贯，夕而习复，夜而计过，无憾，而后即安。自庶人以下，明而动，晦而休，无日以怠。❷

敬姜认为，君子劳心，小人劳力，不同的身份职责各有不同，白天工作、夜晚休息，是天经地义之事。天子、诸侯、卿大夫、士人劳心事多，需要完成职责范围内的所有事情才能睡觉，庶人以下主要从事体力劳动，则只要严格遵守"明而动，晦而休"的时间秩序。无论是谁，白天无所事事都是错误的行为。孔子的弟子宰予白天睡觉，孔子知道后说："朽木不可雕也，粪土之墙不可圬也，于予与何诛？"宰予白天睡觉，违背了"日出而作"的社会秩序，相当于违反了"天道"。在传统社会观念中，"夜不归宿"的行为也不符合昼夜交替的自然法则，既如此，"夜行"有违天理，应当被禁止。"日行百里，不以夜行"，即便是遇到父母之丧的紧急情况，也应当尽量遵守昼夜之别，"虽有哀戚，犹辟害也。昼夜之分，别于昏明。"但是，中国极度重视孝行，父母之丧是体现孝行的大事，除了日常禁忌，做官的还需要丁忧，即在服丧期间必须辞去官职。因此，"不以夜行"的要求，在遇到父母之丧的重要情况，则可以酌情处理，"唯父母之丧，见星而行，见星而舍。"

宵禁在中国历史悠久，古代政府也通过各种律法禁止夜间的随意行走。

---

❶ 张栻. 新刊南轩先生文集 [M]. 北京:中华书局,2015:1227.
❷ 陈士珂. 孔子家语疏证 [M]. 南京:凤凰出版社,2017:284.

周代设立有"司寤氏"，职掌夜间秩序。"司寤氏，掌夜时。以星分夜，以诏夜士夜禁。御晨行者，禁宵行者，夜游者。"❶ 从宵到晨这段时间，都属于夜时，王安石注："'禁宵行者'，则禁之使止也；'禁夜游'则游非其时，虽不行亦禁焉。"❷ 从黄昏到破晓时，严格禁止官民的活动。除了金吾卫、打更者、报时者等维持夜间秩序和管理的人，其他人都不允许在宵禁时活动（图 2-11）。从几则关于宵禁的典故中，可以看到古代宵禁的对象，并不因为身份的高低而有所区别。

尝夜从一骑，从人田间饮。还至霸陵亭，霸陵尉醉，呵止广。广骑曰："故李将军。"尉曰："今将军尚不得夜行，何乃故也。"止广宿亭下。❸

得甲夜行，所由执之，辞云："有公事，欲早趋朝。"所由以犯禁不听。❹

夏四月癸丑，中使郭里旻酒醉犯夜，杖杀之。金吾薛伾、巡使韦缲皆贬逐。❺

章宗即位，坐与御史大夫唐括贡为寿，犯夜禁，夺官一阶，罢。❻

殷浩始作扬州，刘尹行，日小欲晚，便使左右取襆。人问其故？答曰："刺史严，不敢夜行。"❼

要实现宵禁的统一秩序管理，首先是要保证民众有昼夜的时间概念。周朝"以星分夜"，唐代则以鼓声传达讯息，在城中设置街鼓，俗称"冬冬"，黄昏时，鼓声响起八百下，即告示众人夜禁时间到，关闭坊门，禁止随意行走。次日拂晓，钟声敲响，宵禁解除，人们才可以自由活动。"晨钟暮鼓"的成语即由此而来。从唐至明清律例中的相关记载，大致可以计算夜禁时长约 10 小时，通常是一更三点（约 20 时 24 分）到五更

图 2-11
《清国京城市景风俗图·押儿章京察夜》

❶ 李文炤. 周礼集传 [M]. 长沙：岳麓书社，2012：496.
❷ 李文炤. 周礼集传 [M]. 长沙：岳麓书社，2012：496.
❸ 司马迁. 史记 [M]. 北京：中华书局，1982：2781.
❹ 白居易. 白居易集 [M]. 北京：中华书局，1979：1398.
❺ 刘昫，等. 旧唐书 [M]. 北京：中华书局，1975：425.
❻ 脱脱，等. 金史 [M]. 北京：中华书局，1975：1568.
❼ 段成式. 酉阳杂俎校笺 [M]. 北京：中华书局，2015：215.

三点（约 6 时）。明代宋濂等撰写的《元史》记载："诸夜禁，一更三点，禁人行。五更三点，钟声动，听人行。违者笞二十七，有官者听赎。其公务急速，及疾病死丧产育之类不禁。诸有司晓钟未动，寺观辄鸣钟声者，禁之。诸江南之地，每夜禁钟以前，市井点灯买卖，晓钟之后，人家点灯读书工作者，并不禁。其集众祠祷者，禁之。"❶

在禁钟敲响之后，诸事皆休，这段时间在街上活动都触犯了律法，称为"犯夜"，"闭门鼓后，开门鼓前，有行者，皆为犯夜。"违反夜禁的人要根据情节的轻重程度受到相应惩罚，情节轻微者杖责，情节严重的甚至会"杖杀之"。从律令文献看，对违反夜禁最普遍的做法是"笞刑"，这是古代五刑中最轻的一种刑罚措施，俗称打板子，即用竹板或荆条拷打脊背、臀部或腿部，"笞之为言耻也，凡过之小者，捶挞以耻之。汉用竹，后世更以楚。"可见，笞刑的主要目不是身体惩罚而是警示劝诫。《唐律疏议》载："违者，笞二十。"《元史》载："违者笞二十七。"《明律·兵律·军政》载："凡京城夜禁，一更三点钟声已静，五更三点钟声未动，犯者笞三十；二更、三更、四更，犯者笞五十；外郡城镇，各减一等。"

当然，不同区域及不同程度的"犯夜"惩罚轻重并非一概而论。如《唐律疏议》载："诸于宫殿门虽有籍，皆不得夜出入。若夜入者，以阑人类。无籍入者，加二等。……夜出者，杖八十。"《元史》载："诸犯夜拒捕，斫伤徼巡者，杖一百七。"《明律》载："若犯夜拒捕及打夺者，杖一百。"如有夜出宫门、犯夜拒捕、伤害巡夜职官等行为，都会受到严重的惩罚。《旧唐书》中还记载了中使官郭里旻夜里喝醉酒违反宵禁，最终被处以杖毙之刑，足以看出唐代宵禁的严苛程度。

但是，中国古代又提倡"法不外乎人情"，构成"犯夜罪"必须具备三个条件：其一，夜行者，就是在闭门鼓和开门鼓敲响中间这段时间外出；其二，无故行者，也就是说如果有紧急公务，或遇生、老、病、死等人生大事，都不必受到宵禁限制；其三，出坊外行，如果是在坊内出行，也不在犯夜罪之列。《世说新语》记载，王安期任东海内史时，遇到差吏抓住了一名违反夜禁的人。王安期询问后得知，这名犯夜者是因为在老师家读书而错过了回家时间，王安期不但没有处罚他，还安排差吏送其回家，"鞭挞宁越以立威名，非政化之本。"❷

为什么历代统治者都十分重视夜间的秩序管理呢？因为黑暗意味着危

❶ 宋濂, 等. 元史 [M]. 北京:中华书局,1974:2682.
❷ 刘俊文. 唐律疏议笺解 [M]. 北京:中华书局,1996:1826.

险，给罪恶提供了隐藏的空间。在没有夜间照明技术的时代，夜晚暗藏着各种不可知的风险，除了盗窃以外，更怕"夜聚晓散"会影响到政治秩序的稳定。因此，只有通过行政手段的干预，杜绝夜间活动和聚集的可能性，才能保证国家和城市的稳定统一。宋代沈作喆的《寓简》中记载了一则学生堂试答题的故事，阐述了在古代社会禁夜的原因：

> 政和中，举子皆试经义。有学生治《周礼》，堂试"禁宵行者"为题，此生答疑云："宵行之为患大矣。凡盗窃奸淫群饮为过恶者，白昼不敢显行也，必昏夜合徒窃发。踪迹幽暗，虽欲捕治，不可物色。故先王命官曰司寤氏，而立法以禁之，有犯无赦。宜矣。不然，则宰予昼寝，何以得罪于夫子？"学官者甚喜其议论有理，但不晓以宰予昼寝为证之意，因召而问之："此何理也？"生员乃曰："昼非寝时也。今宰予正昼而熟寐，其意必待夜间出来胡行乱走耳。"❶

《寓简》中的学生分析了禁止"夜行"的原因。黑暗为各种犯罪提供了天然的隐藏环境，"月黑风高夜，杀人放火时"，各种作奸犯科的人，善于利用夜晚阴暗的环境躲避追捕，严重危及社会安定。他的前半段是从治安管理的视角去阐述"禁宵行"的合法性和合理性，最后一句以宰予白天睡觉来影射其在夜晚做了不合理合法的事情。在这样的社会背景下，人们给夜晚活动的行为扣上了违反伦理道德的帽子，与"昼寝"一样，"夜不归宿"也同样应该引起警惕，"夜不归宿"的背后，可能隐含着犯罪、违法等一切罪恶的行径。宵禁作为社会秩序的外化，进一步演变为社会伦理秩序的一部分，既满足了中国古代统治者对城市公共空间夜间的控制权，又符合"日出而作、日落而息"的时间观念。白天是劳动、学习、交易、交际的时间，夜晚就要安居和休息。"在一切生活都由官方控制的传统中国社会里面，日夜的生活秩序不仅仅是一种习惯，它又和政治上的合法与非法、生活上的正常与非常是有联系的，历代的法律规定，就给民众划出了关于生活秩序的合法与非法、正常与非正常的界线。"❷ 对昼夜的时间管理，掌握在政府手中，通过管理民众的时间可以实现秩序的统一，因此昼夜习惯成了经典传统，具有绝对的权威性。

---

❶ 沈作喆. 寓简 [M]. 郑州：大象出版社，2019：93.
❷ 葛兆光. 思想史研究课堂讲录 [M]. 北京：生活·读书·新知三联书店，2019：48–49.

第三节　夜市千灯

　　《说文解字》中的"城"和"市"是两种不同概念，"城，以盛民也。""市，买、卖之所也。"宋以前，城、市分界清晰，居住区与交易区完全分开。以唐朝都城长安为例，皇城坐北朝南，城内南北 11 条街，东西 14 条街，将居住区分隔成棋盘格式的 110 坊，房屋分列街道两旁，每户房屋大门背街而开，买卖交易集中于东西两市。这种坊市格局方便城市管理，夜晚宵禁时，只需关闭各坊大门。宋朝时，市民经济开始兴起，交易行为不再限定在住宅区外的两市，商铺、住宅相互渗透，且建筑可临街开门，传统的里坊格局被打破，其中一个重要变化就是商铺不再限定于东西两市。坊市结合使城市逐渐商业化，打破了买卖交易的空间和时间的限制，"其夜市除大内前外，诸处亦然，惟中瓦前最胜，扑（撲）卖奇巧器皿、百色物件，与日间无异。其余坊巷市井，买卖关扑、酒楼歌唱，直到四鼓后方静，而五鼓朝马将动，其有趁卖早市者复起开张。无论四时皆然。"❶

　　在突破里坊格局的市井，为夜市的出现提供了基础。夜市，顾名思义，指夜晚做生意的交易市场。自周朝以来实行一日三市，《周礼·同市》载："大市日昃而市，百族为主；朝市朝时而市，商贾为主；夕市夕时而市，贩夫贩妇为主。"朝市主要是商贸为主的商贾，而夕市则主要是小商贩的临时交易，具有一定的自发性和不确定性。《汉代夜市考》一文中，根据东汉桓谭《新论》中一则关于扶风漆县的记载，推断在汉代邠亭已经形成夜市。❷ 清代惠士奇《礼说》中认为扶风美阳有夜市，"古者为市，一日三合，而河西姑臧，市日四合，扶风美阳，俗以夜市，则司市之法，不行于天下矣。"他认为汉朝河西姑臧地区贸易繁荣，有专门的行市，除了大市、朝市、夕市三市外，第四市应该就是夜市。《太平御览》转引《异物志》中的"狼荒夜市"："狼荒出与汉人交易，不以昼市，暮夜会，俱以鼻嗅金，则知好恶。"狼荒是秦汉时期生活在南方的少数民族，汉朝时与中原地区有贸易往来，但是交易时间都选在晚上，这也应当算是汉朝边境夜市的一种形式。《史记·滑稽列传》中，有一段关于夜间酒肆宴饮的描写，"日暮酒阑，合尊促坐，男女同席，履乌交错。杯盘狼藉，堂上烛灭。"唐代宵禁制度虽然最为严格，但是从许多诗文中，也可以推论当时应有夜市的存在，唐代杜荀鹤曾描写江南地

❶ 耐得翁. 都城纪胜 [M]. 郑州:大象出版社, 2019:6.
❷ 言金星. 汉代夜市考 [J]. 江西社会科学, 1987(10):119–120.

区，"夜市卖菱藕，春船载绮罗。"又有"夜市桥边火，春风寺外船。"唐代王建《夜看扬州市》道："夜市千灯照碧云，高楼红袖客纷纷。"唐代段成式《酉阳杂俎》中记载了苏州贞元年间僧人义师的故事，他曾经破坏了多家店铺的屋檐，结果这十余间店铺在夜市火灾中得以幸存，"其夜市火，唯义师所坏檐数间存焉"。但是，唐朝对市场交易管理也十分严格，关于夜市的描述，大多与元宵节有关系。只有在元宵节期间，朝廷才会"放夜"，取消宵禁管控，允许人们外出游玩，"金吾不禁夜，玉漏莫相催。"这种短暂的放夜娱乐，不能形成相对稳定的夜市交易行为。

直到宋代，随着市民经济兴起，贸易繁荣，同时，由于宵禁制度松弛，政府逐渐取消对坊市的严格管理，为夜市的兴盛提供了良好的政治和社会条件。《宋会要辑稿·食货》记载了太祖乾德三年四月十二日颁发诏令，规定不得禁止京城夜市，"开封府令京城夜市，至三鼓已来，不得禁止。"宋代夜市繁盛，经营时间不受限制，各种高档酒楼和地摊小贩，都有各自的生存空间。从《铁围山丛谈》和《东京梦华录》中关于马行街夜市的记载，可以感受到宋代夜市的喧嚣热闹：

马行街者，都城之夜市酒楼极繁盛处。蚊蚋恶油，而马行人物嘈杂，灯火照天，每至四鼓罢，故永绝蚊蚋。上元五夜，马行南北几十里，夹道药肆，盖多国医，咸巨富，声伎非常，烧灯尤壮观。故诗人亦多道马行街灯火。（蔡绦《铁围山丛谈》）

夜市直至三更尽，才五更又复开张。如要闹去处，通宵不绝。寻常四梢远静去处，夜市亦有燋酸豏、猪胰、胡饼、和菜饼、獾儿、野狐肉、果木翘羹、灌肠、香糖果子之类。冬月虽大风雪阴雨，亦有夜市：子姜豉、抹脏、红丝水晶脍、煎肝脏、蛤蜊、螃蟹、胡桃、泽州饧（餳）、奇豆、鹅梨、石榴、查子、榅桲、糍糕、团子、盐豉汤之类。至三更方有提瓶卖茶者。盖都人公私荣干，夜深方归也。（孟元老《东京梦华录》）

吴自牧在《梦粱录》"夜市"条中描绘了杭城大街夜市的喧嚣热闹的盛景：

杭城大街，买卖昼夜不绝，夜交三四鼓，游人始稀；五鼓钟鸣，卖早市者又开店矣。大街关扑，如糖蜜糕、灌藕、时新果子、像生花果、鱼鲜猪羊蹄肉，及细画绢扇、细色纸扇、漏尘扇柄、异色影花扇、销金裙、段背心、段小儿、销金帽儿、逍遥巾、四时玩具、沙戏儿。春冬扑卖玉栅小球灯、奇巧玉栅屏风、捧灯球、快行胡女儿沙戏、走马灯、闹蛾儿、玉梅花、元子槌拍、金桔数珠、糖水、鱼龙船儿、梭球、香鼓儿等物。夏秋多扑青纱、黄草帐子、挑金纱、异巧香袋儿、木犀香数珠、梧桐数珠、藏香、细扇、茉莉盛盆儿、带朵茉莉花朵、挑纱荷花、满池娇、背心儿、细巧笼仗、促织笼儿、金桃、陈公梨、炒栗子、诸般果子及四时景物，预行扑卖，以为赏心乐事之需耳。衣市有李济卖酸文，崔官人相字摊，梅竹扇面儿，张人画山水扇。并在五间楼前大街坐铺中瓦前，有带三朵花点茶婆婆，敲响盏，撷头儿拍板，大街游玩人看了，无不哂笑。又有虾须卖糖，福公个背张婆卖糖，洪进唱曲儿卖糖。又有担水斛儿，内鱼龟顶傀儡面儿舞卖糖。有白须老儿看亲箭？闹盘卖糖。有标杆十般卖糖，效学京师古本十般糖。赏新楼前仙姑卖食药。又有经纪人担瑜石钉铰金装架儿，共十架，在孝仁坊红权子卖皂儿膏、澄沙团子、乳糖浇。寿安坊卖十色沙团。众安桥卖澄沙膏、十色花花糖。市西坊卖蚫螺滴酥，观桥大街卖豆儿糕、轻饧。太子坊卖麝香糖、蜜糕、金铤裹蒸儿。庙巷口卖杨梅糖、杏仁膏、薄荷膏、十般膏子糖。内前权子里卖五色法豆，使五色纸袋儿盛之。通江桥卖雪泡豆儿、水荔枝膏。中瓦子前卖十色糖。更有瑜石车子卖糖糜乳糕浇，俱曾经宣唤，皆效京师叫声。日市亦买卖。又有夜市物件，中瓦前车子卖香茶异汤，狮子巷口燋耍鱼，罐里燋鸡丝粉，七宝科头，中瓦子武林园前煎白肠、鸠肠，灌肺岭卖轻饧，五间楼前卖余甘子、新荔枝，木檐市西坊卖焦酸馅、千层儿，又有沿街头盘叫卖姜豉、膘皮膤子、炙椒、酸（？）儿、羊脂韭饼、糟羊蹄、糟蟹，又有担架子卖香辣罐肺、香辣素粉羹、腊肉、细粉科头、姜虾、海蛰鲊、清汁田螺羹、羊血汤、胡齑、海蛰、螺头齑、馉饳儿、齑面等，各有叫声。大街更有夜市卖卦：蒋星堂、玉莲相、花字青、霄三命、玉壶五星、草窗五星、沈南天五星、简堂石鼓、野庵五星、泰来心、鉴三命。中瓦子浮铺有西山神女卖卦，灌肺岭曹德明易课。又有盘街卖卦人，如心鉴及甘罗沙、北算子者。更有叫"时运来时，买庄田，娶老婆"卖卦者。有在新街融和坊卖卦，名"桃花三月放"者。其余桥道坊巷，亦有夜市扑卖果子糖等物，亦有卖卦人盘街叫卖，如顶盘担架卖市食，至三更不绝。冬月虽大雨雪，亦有夜市盘卖。至三更后，方有提瓶卖茶。冬闲，担架子卖茶，馓子慈茶始过。盖都人公私营干，深夜方归故也。

马行街的夜市是宋代夜市的代表，苏轼曾赋诗怀念道："蚕市光阴非故国，马行灯火忆当年。"宋代的夜市经营几乎不受时间限制，根据不同的行业进行了区分，州桥夜市、马行街夜市、相国街夜市等，都各有特色。除了酒楼瓦肆等娱乐服务行业，也有各种小摊小贩以及算卦、唱戏者，可以说是市井百态，应有尽有。夜市繁荣，人们在晚上宴饮娱乐，或者在夜市交易钱货，就只能在白天睡觉休息，从一定程度上改变了"日出而作、日落而息"的传统秩序。

元朝统治中原后，朝廷重新执行严格的宵禁和禁市制度，"诸夜禁，一更三点，钟声绝，禁人行……诸江南之地，每夜禁钟以前，市井点灯买卖，晓钟以之后，人家点灯读书工作者，并不禁。其集众祠祷者，禁之。诸犯夜拒捕，斫（斳）伤儆巡者，杖一百七。"因此，虽然元朝中后期时也偶有夜市的记载，但却没有形成规模。直到明朝时期，城镇市民经济繁荣，江南地区夜市重新繁盛起来，虽然不如两宋时期繁华，却也形成了相当规模的地方夜市。以明清时期扬州为例，"城内富贵家好昼眠，每自旦寝，至暮始兴，燃烛治家事，饮食燕乐，达旦而罢，复寝以终日。由是一家之人昼睡夕兴。"田汝成在《西湖游览志余》记载："篝灯交易，识别钱真伪，纤毫莫欺。"明代莫旦《苏州赋》也记载："至于治雄三寝，城连万雉。列巷

通衢，华区锦肆。坊市棋列，桥梁枇比。梵宫莲宇，高门甲第。货财所居，珍异所聚。歌台舞榭，春船夜市。远士巨（钜）商，它方流妓。千金一笑，万钱一箸。所谓海内繁华、江南佳丽者与。"

江南地区的繁华一直延续到清朝，清代徐扬的《姑苏繁华图》描绘了乾隆时期苏州"商贾辐辏，百货骈阗"的盛景（图 2-12）。该画卷的绘制历时 24 年，全长 12 米，以灵岩山为主导，自西向东，从郊区到城镇，细致地刻画了江南的湖光山色、村舍田园、车马舟楫、市集商贾、贩夫走卒、市井民俗等。画家采用了中国画经常使用的散点透视，将市井百态绘于其中。在这幅画里，有许多场景可以作为研究江南夜市的图像参考。从郊区到城镇，沿路有各种酒楼店铺，其中最能体现江南水乡特色的是各色船只，刚从郊区进入城镇，街道两侧便是各色食物店铺，其中一艘船上有很多官制灯笼，上面写有"翰林院""状元及第"等词，一众衙差打扮的人持着灯

图 2-12
《姑苏繁华图》（局部） 清 徐扬

笼，或坐或站，似乎是在等待、休息。这艘船的右后方有一艘小舟，船上的人有的在吹唢呐，有的在敲太平鼓，应该是仪仗乐队；正后方有一艘制作精良的大船，船头停着一辆红色轿子，廊檐式的轿顶分为两层，四角各悬挂着一盏流苏宫灯。右侧岸边有一酒楼，挂着"包办酒席"的招牌，二楼满座，几桌人正在吃饭饮酒。酒楼上挂满了灯笼，似乎暗示了这座酒楼夜间也在经营（图2-13）。从"阊门"、山塘桥至半塘桥一段，更是熙熙攘攘，沿河都是各色挂满了灯笼的舟船画舫，充分说明了乾隆时期的扬州夜市之兴盛，市民的夜间生活十分丰富。清代另一幅佚名作品《太平繁华八图屏》，虽然鲜少被人提及，却也是有助于了解清代夜市的重要图像资料。图中用界画的手法细致描绘了喧闹的城市生活，各种店铺林立，《姑苏繁华图》仅在城门、桥梁处设置了路灯（图2-14），《太平繁华八图屏》中则是

图 2-13
《姑苏繁华图》中的酒楼

图 2-14
《姑苏繁华图》中桥上的路灯

街巷各处依次设置有路灯，灯杆高出建筑许多，一根灯杆上悬挂有 1~3 个灯笼不等，许多店铺门口后庭院中，也设有这种高杆的路灯（图 2-15）。除此之外，《太平繁华八图屏》中还有许多酒肆饭店，都挂满了各色灯笼。中国古代绘画不会描绘黑暗和阴影，在表现夜晚的图像时，通常都是在画面中加入月亮或灯烛，以表示夜晚的时间属性。因此，在《姑苏繁华图》《太平繁华八图屏》此类风俗画中，虽然没有点明"夜市"的主题，但画中各处场景中灯的频繁出现，说明了清朝时夜市仍然比较兴盛。

图 2-15
《太平繁华八图屏》（局部） 清 佚名

第三章

庭燎坟烛：中国古代照明礼仪

3

第一节　庭燎之礼

庭燎是中国古代朝堂照明的重要手段。"庭燎，王早起视朝"❶，虽然这是为了表述君王政事勤勉，天未明时就上朝处政，但是《诗经》中通过庭燎之光在不同时间段的火光状态，给我们提供了古代君王早朝时灯火通明的文化想象。"夜未央，庭燎之光"，夜半时，点燃的燎炬照亮了宫廷；"夜未艾，庭燎晰晰"，夜晚将要过去，天微微亮起，燎炬的光线慢慢减弱；"夜乡晨，庭燎有辉"，清晨天光已亮，燎炬的火光不如之前明亮。要满足朝廷早朝的照明需要，庭燎从半夜燃至清晨，需要大量的火烛支撑。古代庭燎主要用在朝政和祭祀中，《周礼·司烜氏》载："凡邦之大事，共坟烛庭燎。"门外的称大烛，门内的称庭燎。坟烛、庭燎虽然都是大火把，"但在地曰燎，执之曰烛，树于门外曰大烛，于门内曰庭燎"，从使用功能上来说，坟烛和庭燎都是照明的手段，"皆所以照众为明"。

燎应该就是大火把，设置于朝堂中，火光通明，既满足夜间举行重大活动的照明需求，同时又具有"光明通达"的象征寓意，是古代朝廷政治会盟或接待诸侯、使臣的重要礼仪。在重要的政治会盟时，一般会由君主主持庭燎仪式。"诸侯将朝，则司烜以物百枚并而束之，设于门内也。"《左传》载："诸侯宾至，甸设庭燎。"《国语》载："敌国宾至，火师监燎。"《礼仪志第四》载："梁元会之礼：未明，庭燎，设文物充庭。"诸侯会盟、敌国来使，都要设庭燎以待。商周时期，诸侯只有在朝觐天子时才能离开封地，按规制五年一朝，既是向天子述职，也是向其表达臣服的态度。天子白天在朝殿考核诸侯的政绩，夜晚设庭燎之礼接待，"待以客礼，昼坐正殿，夜设庭燎。思与相见，问其劳苦。"

庭燎设置必须符合礼仪规制，明朝宋濂在《孔子庙堂议》中说："古者朝觐会同与祭飨之事皆设庭燎，司共之，火师监之，其数则天子百，公五十，余三十，以为不是则不严且敬也。"据说齐桓公为了招纳贤才，设置了最高规格的庭燎之礼以接待来访的能人，《礼记·郊特性》载："庭燎之百，由齐桓公始也。"《孔颖达疏》载："庭燎之百者，谓于庭中设火。以照燎来朝之臣夜入者，因名火为庭燎也。"齐桓公专门设置了一个有火把的庭院以接见有才华的学士。一年过去了，只有一名自称会"九九之术"东野老人前

---

❶ 许谦. 诗集传名物钞 [M]. 杭州:浙江古籍出版社,2015:584.

来，虽然算术称不上多大的才能，但是齐桓公仍然用庭燎之礼接待了老人，给予其最高礼遇。这件事让人们看到了齐桓公的诚意，各地贤能纷纷归顺。

庭燎之礼的隆重，不仅体现在燎炬数量的多寡，还有相应的礼乐结合。延宾、庙祭、宴饮等，凡是在夜间举行的活动，依制设庭燎，奏礼乐。《食举乐东西厢歌》道："既宴既喜，翕是万邦。礼仪卒度，物有其容。晰晰庭燎，喤喤鼓钟。笙磬咏德，万舞象功。八音克谐，俗易化从。其和如乐，庶品时邕。"《宋史》载乐歌《成安》道："神宫巍巍，庭燎有辉。声谐备乐，物陈丰仪。清酤既载，酌言献之。惟神醉止，韦来蕃厘。"这些乐歌生动翔实地描写了古代朝堂接待政治会盟或外使朝见时的庭燎盛况。齐桓公以如此盛大的"庭燎之礼"接待东野老人，是对周朝礼制的僭越，因此才有"失礼以齐桓公为始"之说。但是，恰恰也是齐桓公打破旧有的礼制规矩，以庭燎来表达招揽贤才的态度和决心，才会被后世赞誉具有"匡合之功"。

庭燎需要专人管理，一是保证燎炬设置符合礼制规范，二是可以及时添补续燃。周代的"司烜"就是专门负责庭燎的职官，《仪礼》载："宵则庶子执烛于阼阶上，司宫执烛于西阶上，甸人执大烛于庭，阍人为大烛于门外。"可见，管理庭燎的职官职级较低，社会地位不高。据说，周成王在岐山召集诸侯会盟时，认为楚国是荆蛮，没有资格与诸侯会盟，楚王被安排做一些放座次表、设望表、守庭燎等服务工作。楚王不能享庭燎之礼，只能"守燎"，让楚国感受到巨大的侮辱，因此，强盛之后的楚国不再服从周王朝的管辖。齐桓公取得帝王霸业后，僭越礼制规范的庭燎就变成了他贤明的行为而受到称颂，并在"礼崩乐坏"之后多被效仿。如晋朝石虎篡位后，在庭院中设庭燎，《晋书》载："令成公段造庭燎于崇杠之末，高十余丈，上盘置燎，下盘置人，绾缴上下。"《太平御览》中的《邺中记》也有记载，"石虎正会殿庭中。端门外及阊阖门前，设庭燎各二合六处，皆六丈。"其中两处所载庭燎的大小，十余丈、六丈应为讹传，但依然可以推测庭燎形制巨大，魏晋时期一丈合约 2.42 米，按六丈算，亦高达十几米，可见这种尺度巨大的火把足以"照耀一庭"。

古代用火炬照明，无论朝堂乡野，原理相同。但在朝堂设置大型火炬，其光灼灼，一片通明，颇能象征政通人和，故而受到礼制关注。齐桓公有礼贤下士——设庭燎专为贤才照明之传说，使原本闪闪发光的"庭燎"更加"熠熠生辉"。后世竞相效仿，扩展功效，使设置庭燎进一步升格为庙堂礼制，成为庙堂大型活动必备礼仪，进而成为附庸风雅的礼乐赞词。后世文人则以此为人生终极目标，纷纷在诗文中盛加赞誉，最终使这一意象成

为中国"贤达仁和"的文化象征。❶

　　中国古代王权社会的政治观念里，中原是天下的中心，皇帝是"天选之子"，是天下的主宰，因此周边的少数民族或国家都应该是天子的臣民，他们必须通过"朝贡"来表明自己的政治附属地位。皇帝通常会在每年的元正（元旦）、冬至举行朝会，宴请朝贡的藩王和使臣等。唐朝诗人张莒在大历十三年吏部试作《元日望含元殿御扇开合》，"万国来朝岁，千年觐圣君。"王维《和贾舍人早朝大明宫之作》也写道："九天阊阖开宫殿，万国衣冠拜冕旒。"这里的"万国"并非指代具体的数量，而是形容朝贡的藩属和国家众多。"元正启令节，嘉庆肇自兹。"皇帝会在这一天主持祭祀、祈福及宴享之仪，大设朝会，接受百官朝贺，同时赐宴群臣，以示国祚无疆，四海升平。杜佑在《通典》中载："汉至武帝用夏正，百官贺正月，二千石以上上殿称万岁，举觞御座前。司空奉羹，大司农奉饭，奏食举之乐。百官受赐宴享。"《太平广记》载："唐贞观初……时属除夜，太宗盛饰宫掖，明设灯烛……设庭燎于阶下，其明如昼，盛奏歌乐。"南朝时沈约在《宋书》中记载："故事，正月朔，贺。殿下设两百华灯，对于二阶之间。端门设庭燎火炬，端门外设五尺、三尺灯。月照星明，虽夜犹昼矣。"

　　明朝创编的杂剧《万国来朝》，以汉代为背景，描写了"献吉祥千邦进宫，祝圣寿万国来朝"的朝贡活动，以藩王朝贡和万寿庆典礼仪为主要内容，实际上是表现了封建帝王强调华夏秩序正统性，力图实现"大一统"的政治想象。清朝宫廷院画《万国来朝图》表现的是农历大年初一藩属各国和外国使臣等着乾隆皇帝的召见的场景（图 3-1）。作者以鸟瞰的角度描绘了紫禁城的朝岁风景，宫廷内的楼阁亭台挂满了各式宫灯，用张灯结彩的方式渲染新年岁首的喜庆和欢乐。乾隆皇帝一派闲适的神情坐在椅子上，内侍们正忙着搬运收纳大臣们送来的贡品。内苑里有宫妃焚香祈福，也有小孩嬉闹玩耍，紫禁城完全沉浸在一片节日的气氛里。宫殿外聚集等候的各国使臣携带着珍禽异兽和奇珍异宝，充分展现了"千邦来朝，万国来贺"的政治图景。虽然，从当时全球政治经济局势来看，满清政府积弱难治，正处于被欧洲列强侵略瓜分的前夕，但是统治者仍然沉浸在万国来朝、天下一统的美梦里。

　　将这幅图与另外一幅《万国来朝图轴》对比，皇帝怀抱着一名小皇子坐在椅子上，面容和蔼，大臣们随侍在侧，妃嫔和皇子们在愉快地玩耍，

---

❶ 赵逵夫. 先秦文学与文化：第六辑 [M]. 上海：上海古籍出版社，2017：287.

图 3-1
《万国来朝图》 清 佚名 绢本 299 厘米 ×207 厘米 故宫博物院藏

完全是一幅享受天伦之类的景象。乾隆帝怀抱小皇子的形象，在《弘历岁朝行乐图》中也有出现（图 3-2）。虽然具体内容和表现方式上有所区别，但都是从太和门外的两头铜狮子开始，以俯瞰的角度去表现紫禁城的岁朝节，整体上都强调万国朝贺的主题，此类"万国来朝"宫廷院画里，隐藏着清朝政府"大国中心"的傲慢和无礼，皇帝在皇宫内苑享受天伦之乐，似乎众多外国使臣等待是理所当然（图3-3）。

在皇权统治的封建社会，天子寿诞也是国家重要的庆典仪式之一。唐玄宗时称千秋节，寓意皇帝基业千秋万代；明代统称为万寿节，寓意"万寿无疆"。冬至、元旦、万寿是中国封建社会最重要的国家节日。清朝沿袭明朝的三节礼仪，尤其是帝寿庆典，每年小庆，十年大庆。皇帝六十（周甲）、七十（古稀）、八十（耄耋），更是举国隆庆，寿典繁盛，仪式铺张。朝廷一般会提前对庆典仪式的街道进行铺陈布置，棚坊楼阁鳞次栉比，万户千门张灯结彩，搭建各种戏台、歌台、彩廊、彩墙、灯廊、灯台、灯楼、

图3-2
岁朝图像中的乾隆帝

图 3-3
《万国来朝图》中等候觐见皇帝的外国使臣

灯棚等，京城内外张灯结彩，王公大臣、地方官员都必须进贡献寿，天下
共贺帝王万寿无疆、国泰民安。康熙五十六年（1717），由王原祁和冷枚参
与汇编的《万寿盛典初集》首次用版画的方式详尽记录了清代宫廷万寿节
庆典盛况（图 3-4）。刻本总长五十余米，详尽地描述了康熙五十二年玄烨

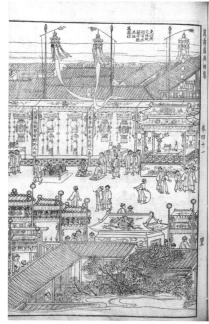

图 3-4
《万寿盛典初集》辇道局部　王原祁等纂修　清康熙五十六年内府刻本　1717 年

六旬正诞的盛大场面。康熙六十寿典时，天下四方齐贺，赴京臣民数以万计。大臣奏请在畅春园至神武门一段的辇道设置庆典巡礼，张灯结彩，杂陈百戏，以恭迎康熙登殿接受万民朝贺。宋骏业受命绘制《万寿盛典图》，王原祁和冷枚等宫廷画家在此基础上，将城内各处细节勾画完成，并将图绘裁成 146 份，分为上下两卷。上卷为畅春园到西直门段，建棚 19 处；下卷西直门至神武门段，经棚黄幕 31 处，全卷共计 50 处。

辇道沿路衢歌巷舞，击壤呼嵩。时京师九门内外张彩燃灯，建立锦坊彩亭，层楼宝榭，云霞瑰丽，金碧焜煌，万状千名，莫能殚述。百官黎庶，各省耆民，捧觞候驾，填街溢巷。琳宇珠容，钟鼓迭喧，火树银花，笙歌瓦起，祝嘏之盛，旷古未有。❶

辇道沿途灯棚、灯楼、灯廊所用的灯笼样式，也必须遵守宫廷仪法的限制（图 3-5）。传为彭元瑞所编纂的彩绘本《康乾万寿灯图》收录了康乾年间清皇宫庆典的灯笼图案样式（图 3-6、图 3-7）。该彩绘本主要体现了吉祥如意的主题，图案命名和内容以佛经和星宿为基础，共计 22 幅，分别是：

❶ 朱赛虹.清宫殿本版画 [M].北京:紫禁城出版社,2002:27-33.

图 3-5
乾清宫万寿灯万寿宝联
每幅长 177.8 厘米　两面
俱绣金字联句　美国明尼
阿波利斯美术馆藏

图 3-6
《康乾万寿灯图》彩绘本中 "进程御览"

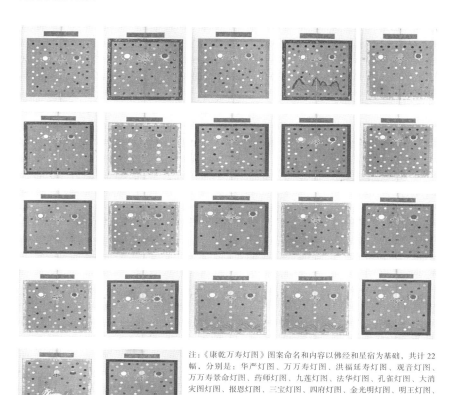

注:《康乾万寿灯图》图案命名和内容以佛经和星宿为基础，共计 22
幅，分别是：华严灯图、万寿灯图、洪福延寿灯图、观音灯图、
万万寿景命灯图、药师灯图、九莲灯图、法华灯图、孔雀灯图、大消
灾灯图、报恩灯图、三宝灯图、四府灯图、金光明灯图、明王灯图、
大般若灯图、土司灯图、慈悲梁皇忏灯图、慈悲水忏灯图、小消灾吉
祥灯图、地藏灯图、盂兰盆灯图。

图 3-7
《康乾万寿灯图》彩绘本中 22 幅灯笼图案

华严灯图、万万寿灯图、洪福延寿灯图、观音灯图、万万寿景命灯图、药师灯图、九莲灯图、法华灯图、孔雀灯图、大消灾图灯图、报恩灯图、三宝灯图、四府灯图、金光明灯图、明王灯图、大般若灯图、土司灯图、慈悲梁皇忏灯图、慈悲水忏灯图、小消灾吉祥灯图、地藏灯图、盂兰盆灯图。

　　乾隆帝提倡以仁孝治理天下，为了彰显孝道，特在生母崇庆太后六旬、七旬和八旬分别举办了三次隆重的万寿庆典，每一次庆典都命专人绘制祝寿场景，依次有《崇庆皇太后万寿庆典图》《胪欢荟景图》《清人画颙琰万寿图像》，为我们了解清代万寿庆典仪式留下了珍贵的图像记录。《崇庆皇太后万寿盛典图》以"纪实"的方式描绘了从京西万寿山东宫门至紫禁城内寿安宫的回宫路线（图 3–8）。该画卷应是宫廷如意馆画师与苏州画师奉旨画成，既是对庆典的记录，又是寿礼的一部分。❶据乾隆十九年（1754）十一月档案中记载，"十九日副领催六十一、时来员外郎郎正培押贴一件，内开为乾隆十六年十一月初三日，郎正培面奉上谕：于初八日着丁观鹏、张镐随驾至万寿山起，至寿安宫止，往看一路陈设等件，绘图四卷。钦此。"故宫博物院刘彧娴、刘潞根据清宫档案的记录勾勒出了《万寿图》的基本绘制过程，分析了如何将皇太后行走的实际路线在画卷中用直行路线来表达，以及为何将六旬万寿庆典的纪实绘画作为七旬万寿盛典的贺礼等问题。❷

　　《崇庆皇太后万寿庆典图》共长 11082.8 厘米（一卷长 2517.8 厘米，二

❶ 刘潞.《崇庆皇太后万寿庆典图》初探——内容与时间考释 [J]. 故宫学刊,2014(2)：151–165.
❷ 刘彧娴,刘潞. 论崇庆皇太后《万寿图》的绘制 [J]. 沈阳故宫博物院院刊,2017(1)：1–12.

卷长 2994 厘米，三卷长 2793 厘米，四卷长 2778 厘米），纵 65 厘米。前
两卷描绘西直门外的郊野景致，第三卷描绘从西直门至西安门，第四卷描
绘从西安门到紫禁城的寿安宫。御道两侧既有实体的功能性建筑，也有为
了庆典单独搭建的观赏性建筑，御道两侧的建筑内挂满了各式华丽的灯彩。
该画卷的绘制耗时长达十年，以宫廷画家张廷彦为首，参与画师至少有
三十名。张廷彦出生于清代宫廷画家世家，其祖父张震、父亲张邦都供职
于如意馆。《崇庆皇太后万寿庆典图》具有乾隆时期宫廷绘画的特点，其构
图和对建筑、人物、事物的描绘明显带有西洋画的影响。虽然这幅巨幅画
卷没有文字说明，但其表现内容与《檐曝杂记》中的描述基本吻合：

　　皇太后寿辰在十一月二十五日。乾隆十六年届六十慈寿，中外臣僚纷
集京师，举行大庆。自西华门至西直门外之高梁桥，十余里中，各有分地，
张灯结彩，结撰楼阁。天街本广阔，两旁虽不见市尘。锦绣山河，金银宫
阙，剪彩为花，铺锦为屋，九华之灯，七宝之座，丹碧相映，不可名状。❶

　　从现存的图像中可以看到清政府重要活动中遗存有庭燎的痕迹，虽然
这时灯具和蜡烛制作技术已经非常成熟，立式、座式、手提式、挂式的照
明器物，满足了各种空间尺度的照明需要，玻璃、羊角、纱笼等各式灯罩，
有效解决了户外燃灯的防风问题。清朝宫廷院画《院本亲蚕图》祭坛部分
的灯具，真实地呈现了清朝时期国家祭祀活动中灯烛的使用场景，可为理
解国家祭典所用灯烛提供图像参考（图 3-9）。该画由郎世宁、金昆、程志

图 3-8
《崇庆皇太后万寿庆典图》（局部）　清　故宫博物院藏

---

❶ 赵翼. 檐曝杂记 [M]. 北京：中华书局，1982：9.

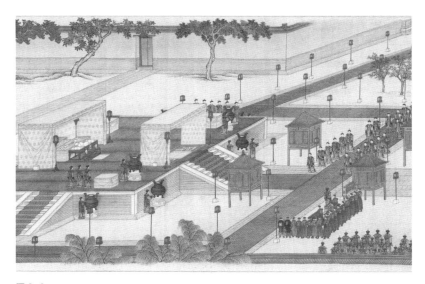

图 3-9
《院本亲蚕图》（局部） 清 故宫博物院藏

道、李慧林等 10 位供职画家于 1744 年合笔创作，记录了孝贤皇后亲临西苑先蚕坛鞠衣献蚕的盛况。图卷共分为四部分——诣坛、祭坛、采桑、献茧，祭坛两侧依次设置落地灯烛，强调了祭坛的神圣性和仪式性。

　　中国古代社会十分重视农桑，商周时为了祈求农业丰收，设"祈谷"之礼，具体分化成皇帝主持的"籍田礼"和皇后主持的"亲蚕礼"。"亲蚕"是以皇后为尊，率宫中后妃、诸侯公卿夫人等，祭祀先蚕神嫘祖，躬行蚕桑之事，以作天下农桑的表率。亲蚕礼从周朝开始制度化，一直延续到清朝。亲蚕礼有一整套仪式流程，首先，皇后率领后宫妃嫔、诸侯公卿夫人，在蚕坛祭祀；祭祀完成后，诸侯公卿夫人亲手采桑，众妃嫔跪献蚕茧。亲蚕礼中点火烛，可能与嫘祖点天灯驱鼠保蚕的传说有关。传说嫘祖最初在野外栽桑养蚕时，常常面临鼠害困扰，她的舅父岐伯就在田间点燃松脂，用火光驱逐田鼠，又在山上竖高杆点灯驱鼠护蚕。

第二节　赐烛之制

　　《宋史·苏轼传》载："轼尝锁宿禁中，召入对便殿，已而命坐赐茶，彻御前金莲烛送归院。"元祐元年，苏轼起复并连续获得擢升，直任翰林学士、知制诰。元祐三年（1088）十一月一日夜，苏轼翰林院值守，高太后和宋哲宗召其于便殿，告诉苏轼他骤然升迁是先帝宋神宗旨意，并说神宗曾屡次赞叹苏轼是"奇才"，听闻先帝垂爱，苏轼感激涕零，太后与哲宗也一起流泪。而后，太后命内侍执御用金莲花烛送苏轼回翰林院。苏轼作诗文记录了这次夜谈。

卧病逾月，请郡不许，复直玉堂，十一月一日锁院，是日苦寒，诏赐宫烛法酒，书呈同院。

微霰疏疏点玉堂，词头夜下揽衣忙。

分光御烛星辰烂，拜赐宫壶雨露香。

毕仲游、范镇、范祖禹、苏辙、苏颂等人，以赐烛事件为题，作诗文唱和。这些诗词内容都围绕着夜值、锁院、赐烛、赐酒展开，以一种群体的姿态去吟诵"赐烛归院"代表的圣恩与荣耀。两宋词坛上有多次酬唱，这种唱和并未产生出特别有影响力的诗词，但是却为研究宋代的翰林院制度和赐烛制度留下了宝贵的参考资料。

暮召从容对玉堂，归来院吏写宣忙。

郎醹独赐尊常酒，龙烛初然泪有香。

起草才多封卷速，把麻人众引声长。

百官班里听恩制，争诵雄文出未央。

（苏颂《次韵子瞻锁院赐酒烛》）

玉堂清冷不成眠，伴直难呼孟浩然。

暂借好诗消永夜，每逢佳处辄参禅。

愁侵砚滴初含冻，喜入灯花欲斗妍。

寄语君家小儿子，他时此句一时编。

（苏轼《夜直玉堂携李之仪端叔诗百余首读至夜半书其后》）

晨入金华暮浴堂，声容不动笔奔忙。

星间忽降龙衔耀，天上重分玉醴香。

欲炧寒宵宫漏永，半酣归梦蜀山长。

起看绛阙银河晓，山立千官拱未央。

（范祖禹《和子瞻禁林锁院诏赐烛酒》）

铜环玉锁闭空堂，腕脱初惊笔札忙。

红烛遥怜风雪暗，黄封微泻桂椒香。

光明坐觉幽阴破，温暖深知覆育长。

明日白麻传好语，曼声微笑绕殿中央。

（苏辙《次韵子瞻十一月旦日锁院赐酒及烛》）

笙磐分均上下堂，游鱼舞兽自奔忙。

朱弦初识孤桐韵，玉瑙犹闻秬黍香。

万事今方咨伯始，一斑亦我愧真长。

此生会见三雍就，无复寥寥叹未央。

（苏轼《范景仁和赐酒烛诗复次韵谢之》）

张居正为皇帝编写的教材《帝鉴图说》上部《圣哲芳规》中的"烛送词臣"条，就是依据《宋史·苏轼传》中赐烛归院编录而成。虽然此书原稿已佚，但有多个晚明刊印版本可供参考，虽然各版本插图略有不同，但整体上都依循历史记载，表现苏轼夜晚觐见高太后和宋哲宗的场景。现藏于法国国家图书馆的《帝鉴图说·赐烛词臣》（图3-10），高太后端坐于堂中，

图 3-10
《帝鉴图说·赐烛臣词》 彩绘册页 约 18 世纪 法国国家图书馆藏

哲宗位于太后左下侧，苏轼侧身跪于堂前，该场景描绘符合夜值锁院的历史叙事。这一版本的《帝鉴图说》册页中没有对人物关系做出注解，但在明纯忠堂藏本插图中明确标注了高太后、宋哲宗和苏轼三人的身份，可作为辅证。张居正通过此书强调"鉴戒"的作用，既劝诫了皇帝要礼贤臣子，又渲染了忠君事、守君臣之义的政治伦理。

清代赵翼《陔馀丛考》载："金莲烛送归院，始于唐令狐绹（绚）。《唐书》：'绚入翰林为学士承旨，夜对禁中，烛尽，宣宗以乘舆金莲炬送还。院吏望见，以为天子，及绚至，皆惊。'此唐故事也。今世所传词林美谈，皆指苏子瞻耳，不知宋时金莲烛故事共有六人：王钦若、王禹玉、晁迥、郑獬、苏轼、史浩也。"❶ 在获赐金莲烛归院的翰林学士中，人们最喜欢传唱苏轼的故事。郑板桥的《金莲烛》一诗道出了其中原因，"画烛金莲赐省签，令狐小子负堂廉。大名还属真名士，异代留传苏子瞻。"苏轼作为中国文坛的领袖人物，具备了士人崇尚的才华与风骨，王国维先生曾说："三代以下之诗人，无过于屈子、渊明、子美、子瞻者。此四子若无文学之天才，其人格亦自足千古。"❷ 美国学者包弼德认为，"从很多方面来讲是文士的代言人，而文士当时大概还是士大夫中最大的群体……（苏轼）他的为人受人尊重，他是那个时代最优秀的文学榜样，是一个有很高地位的政治人物。"❸ 苏轼因此也成为士人的精神偶像，他仕途坎坷，品德高尚，淡化了"金莲烛"崇拜这一行为本身的功利色彩，而苏轼本人在面对撤金莲烛送归院的恩宠时，虽感恩君臣之义，却对名利十分淡泊，渴望"何时却逐桑榆暖，社酒寒灯乐未央。"对比周必大"谓庶几金莲故事，极儒生之荣誉"的心态，苏轼身居翰林却不失傲骨，更符合士人在政治附属与自我独立之间寻求平衡的精神需求。

翰林是中国古代官名，相当于是皇帝的文学侍从。唐玄宗时设置翰林院，它的前身是唐高祖时的"别院"，目的是挑选饱读诗书、文采杰出的士子，起初称其为翰林待诏、翰林供奉，"凡乘舆之所，皆有待诏之所。其待诏者有词学、经术、合练、僧道、书奕。"到开元二十六年（738），"改翰林供奉为学士，别置学士院，专掌内命。"单独设置翰林学士院，并且供职的翰林学士从现任的官员中选拔，主要负责起草诏令、参与机务等，到了唐德宗时，各种大臣任免、重要赦令、重大诏制等，都由翰林学士负责起草，翰林学士多位极人臣，有"内相"之称。

❶ 赵翼.陔馀丛考 [M].北京：中华书局，2019：489.
❷ 王国维.人间词话 [M].施议对，译注.上海：上海古籍出版社，2016：2.
❸ 包弼德.斯文：唐宋思想的转型 [M].刘宁，译.南京：江苏人民出版社，2017：325–326.

宋、元沿袭唐制，但对翰林学士的选拔要求更加严格，"苟非清德美行，蔼然众誉，高文博学，独出一时，则不得与其选。"❶翰林学士职掌朝廷制诏、国书等起草，同时还要担任皇帝的"顾问"。为了方便皇帝随时征召，翰林学士需要夜晚值守，也就是在宫中设置的翰林院过夜。《宋史·职官志》载：

> 凡拜宰相及事重者，晚漏上，天子御内东门小殿，宣召面谕，给笔札书所得旨。禀奏归院，内侍锁院门，禁止出入。夜漏尽，具词进入；迟明，白麻出，阁（閤）门使引授中书，中书授舍人宣读。其余除授并御札，但用宝封，遣内侍送学士院锁门而已。至于赦书、德音，则中书遣吏持送本院，内侍锁院如除授焉。

如果皇帝要颁发重大诏令，会在夜晚召见值守的翰林学士，告知主要内容后，再派遣内侍送归翰林院，从"内侍锁院门，禁止出入"这一举措可以看到，这是监督预防皇帝命令泄露的重要程序。"黄昏锁院听宣除，翰长平明趁起居。撰就白麻先进草，金泥降出内中书。"王珪的宫词形象地描写了诏书从起草到颁发的过程。如果是一般诏书起草，则只需要由内侍直接送到学士院交由值夜的翰林学士，可见，并不是所有夜值的翰林学士都会受到皇帝的召见。以苏轼为代表的这群获得赐烛归院赏赐的翰林学士，又都是学士中的佼佼者。实际上，唐朝最初设立翰林院时，翰林院、学士院职权不同，翰林学士和北门学士也各有不同。宋朝时，翰林学士院称北门，翰林学士也称为北门学士。宋程大昌在《雍录》"南北学士"中曾做出详细区分：

> 若夫乾封间号为北门学士者，第从翰林院待诏中选取能文之士，特使草制，故借学士之名，以为雅称，其实此时翰林未置学士，未得与洪文、集贤齿也，故曰北门学士，言其居处在洪文、集贤之北也。其曰北者，大明一宫皆在太极东北，而翰林院又在大明宫之北，观其地位，谨并北苑墙南，则其入内虽自西银台，入而皆在洪文、集贤之北也。开元已后，虽于翰林院南别置学士院，正以学士名官，而西院仍在翰林院南，本洪文、集贤，而求其方亦在大明之北，故言翰苑者亦以北冠之，亦是因乾封间所名也。❷

由于翰林学士主要从登科及第的进士中选拔，因此翰林院被看作普通人难以企及的殿堂，"居翰苑者，皆谓凌玉清，溯紫霄，岂止于登瀛洲哉！亦曰登玉堂焉。"❸而翰林学士也被誉为"神仙职也"。而"赐烛归院"则是发生于皇帝和翰林学士这一特定文官对象之间。金莲烛是御用烛，通常设

---

❶ 欧阳修. 欧阳修全集 [M]. 北京:中华书局,2001:1685.

❷ 程大昌. 雍录 [M]. 北京:中华书局,2002:73.

❸ 马端临. 文献通考 [M]. 北京:中华书局,2011:1583.

置在皇帝的座椅两侧，同时也是皇帝夜行时御驾仪仗的"引驾烛"。所以令狐绹携金莲烛回到值守处时，才会被院吏误认为是皇帝驾临。皇帝通过这种赏赐行为传递礼贤下士的政治形象，而翰林学士也把能让皇帝赏赐金莲烛护送回翰林院看作最高荣耀。"赐烛归院""赐烛词臣"具有明确的身份指向性，而金莲烛则是联结皇帝和翰林学士的一种政治媒介，进而成为政治身份和社会身份的象征，也由此成为天下士人追求的目标和理想。

　　"金莲归院"也是表现文人受帝王恩宠的传统绘画题材。传为明代画家张路的《苏轼回翰林院图》中共有 17 名人物，前段（左侧）有两位引路的内侍，一人捧盘，一人持钺，均回首望向身后的人群；画面中心，11 名侍女拱围着两名男性，中间文士打扮之人就是此次事件的主角——苏轼（图 3-11）。他身侧各有一名仕女手持金莲花烛。华岩的《莲炬归院图》借鉴了张路作品的构图，人物减至 15 人，题跋"唐令狐学士莲炬归院图"。近代海派画家朱梅邨又曾临摹华岩此画（图 3-12）。清代邹一桂《金莲烛归院图》藏于眉山三苏祠，画中描绘了一文士、一仕女、一内侍，内侍手持金莲烛躬身随行在苏轼身后（图 3-13）。画面右上角题："先生擢翰林，尝锁禁中，皇太后赐金莲烛归院。"1888 年重建的颐和园长廊彩画"莲炬归院"，临摹自清代画家沈心海，画中令狐绹左手背于身后，右手抚须似在思考，一名内侍双手捧着金莲烛回身看着他。清代刺绣镜片《金莲归院图》，

图 3-11
《苏轼回翰林院图》　明　张路

图 3-12
《莲炬归院图》　清　华岩

第三章　庭燎坟烛：中国古代照明礼仪　**065**

图 3-13
《金莲烛归院图》 清 邹一桂

图 3-14
《秉烛图》 纵 204 厘米 横 121 厘米 清同治九年
任薰 纸本设色 中央美术学院美术馆馆藏

纵 156.6 厘米，横 41.1 厘米，现藏于上海博物馆，画面共有五位人物，中间主体人物是苏轼，两名内侍手持金莲花烛在前面引路，身后跟随着两名侍童，画面上端绣有"焚香来玉殿，归院赐金链"。任薰的《秉烛图》虽然没有题跋说明画中人物和故事，但从画面布局、场景表现、人物关系和烛台形态来看，显然描绘的是"莲炬归院"题材（图 3-14）。

在所有"赐烛词臣"图像里，金莲烛是标志性道具，它并没有固定的形制，只是灯的局部装饰有"莲"的要素。显然，画家们并不在意图像还原实物的真实程度，而是试图以它为媒介，传递儒家入仕价值观念。他们从现实生活中攫取素材，结合对历史的想象进行加工，从而描绘出理想中的金莲烛，并赋予它功成名就的政治象征和文化内涵。以金莲烛为对象，衍生出了传宫烛、画烛金莲、金莲灯、金莲花炬、莲炬、莲烛、宫莲、北门烛炬等各种文学表达。"禁近回翔负公望，归院常撤金莲灯。""金莲烛下裁诗句，麟角峰前寄隐沦。""自怜惯识金莲烛，翰苑曾经七见春。""归去好，北门夜引金莲烛。""书诏许传宫烛，轻罗初试朝衫。"对于科举士子而言，御赐金莲烛是获得成功的标志，袁枚在《小仓山房文集·文渊阁大学士史文靖公神道碑》中说"公少时撤金莲烛成婚。"史文靖公贻直 19 岁即中康熙庚辰年进士，官至相位，皇帝在他结婚的时候赏赐金莲烛作为贺礼。在科举制度背景下，这是人生四大喜之中的二喜合一，即"洞房花烛夜，金榜题名时"。明清小说话本中，常常将"赐金莲烛成婚"当作故事大团圆结局的模本，因为士人成婚又称为"小登科"，"小登科接着大登科，播荣名喧满皇朝。始知学乃身之宝，惟有读书人最高。"❶《野叟曝言》第 49 回，皇帝赏赐进士及第诸人"各簪金华，披着大红金彩，撤御前金莲烛，导送归第。"《凤凰池》第 12 回，不学无术的白无文和晏之魁想要求娶章卿太仆两个才貌俱佳的女儿，被拒绝后，二人的父亲上书天子请求赐婚，天子为了显示公正，当庭出题考校，并许诺二人若确实有才，就撤金莲烛送他们成婚。晏白二人本无才学，现场又无法作弊，想要回家后做完试题再呈，天子不允，"汝要归家做完，则金莲烛亦撤不成，二女亦无福消受宜。"第 16 回中，太卿二女与云水两位状元成婚时，"天子正将金莲烛送到"。《隋唐演义》第 62 回，罗成携二女窦线娘、花又兰拜见窦太后，窦太后命人撤下御前的金莲烛，敲锣打鼓送出宫苑，"惹得满京城军民人等，拥挤观看，无不欣羡。"在这些小说中，撤金莲烛、成婚，代表着事业功名和家庭感情的双重成功，实现了儒家"成家立业"的人格理想。

明代兴起的雅居生活中，金莲灯成了书房文化的流行风尚，文震亨在《长物志》"书灯"一条中写道："有青绿铜荷一片檠，架花朵于上，古人取金莲之意，今用以为灯，最雅。"❷《考槃馀事》《遵生八笺》都将"金莲灯"看作书灯中格调最雅之物。在清初画家吕焕成的《春夜宴桃李园图》中，男子手中所执的金莲烛台，应该受到了晚明清初流行的"金莲书灯"审美风尚的影响。此图根据李白同名行文而作，描绘李白和兄弟们春夜饮酒赋诗的故事，仇英、吕焕成、冷枚等有同名画作（图 3-15）。庭院落地灯、桌

❶ 王学奇.元曲选校注:第三册(下)[M].石家庄:河北教育出版社,1994:3102.
❷ 文震亨.古人的雅致生活·长物志[M].刘瑜,绘.南昌:江西美术出版社,2018:167.

图 3-15

《春夜宴桃李园图》 清　吕焕成

面书灯、手持灯笼、莲烛，映照出春夜喧嚣的庭院，一众士人饮酒赋诗，恣意潇洒，构成典型的雅乐生活图景。

对"莲灯"的热衷，构建出科举制度影响下仕途价值观的普遍认知。金莲烛代表着荣耀与权力，是通过科举入仕而随之拥有政治地位和社会地位的象征。隋唐实行的科举制为白衣入仕提供了机会，科举考试的成功，会带来政治地位和社会地位的巨大改变，"万般皆下品，唯有读书高"。但是，这种进阶之路却十分艰辛，仅极少数人能够突破重重关卡登科及第，大多数人穷其一生也未尝得愿。因此，读书人对象征着翰林生涯的金莲烛产生了一种集体的崇拜意识，将"他日玉堂挥翰，赐金莲花烛"当作人生目标。"金莲恩遇"展现了儒家的入仕思想，"习得文与武，卖与帝王家"，这种思想经由隋唐以来科举制度的推动，逐渐系统化，构建出封建社会仕宦和庶民共同的价值认同。然而，随着士人主体意识的觉醒，他们对金莲烛所代表的仕途追求产生了怀疑和反抗。刘克庄多次借金莲烛来表达淡泊名利的心态，"四海共知霜鬓满，莫问近来何妙。也不记、金莲曾照。""混忘却、金莲前导，青藜下照。"施乘之也写道："莫言冷落山家，山翁本厌繁华。试问莲灯千炬，何如月上梅花。"他们对金莲烛的"拒绝"，反射出士人群体试图摆脱政治和功利束缚的精神追求。正如郁达夫写诗所叹："金莲烛送寻常事，值得前人痛哭么？"❶

第三节　洞房花烛

古人谓人生四大喜："久旱逢甘霖，他乡遇故知。洞房花烛夜，金榜题名时。"如前所述，男子娶亲与考取功名，都是人生至关重要的大事。在传统社会里，婚姻关系到家族繁衍，是国家和社稷稳定的基础，"婚礼者，将合二姓之好，上以事宗庙，而下以继后世也，故君子重之。"孔子曰："嫁女之家三夜不熄烛，思相离也；娶妇之家三日不举乐，思嗣亲也。"吕思勉认为，这是重传世的证据。子女长大结婚，表示双亲已老，想到骨肉分离、人事代谢，必须要娶妇来传宗接代，其心情是沉重的，因此不能燃烛、举乐。

---

❶ 郁达夫. 郁达夫集 [M]. 太原：北岳文艺出版社，2016：223.

中国古代婚礼在黄昏举行，《白虎通·嫁娶》曰："婚姻者何谓也？昏时行礼，故谓之婚也。"黄昏乃是白天和夜晚交替、阳往阴来之时，"必以昏者，阳往而阴来"，此时举行婚礼顺应天时，即夫为阳往，妻为阴来。《说文》："礼：娶妇以昏时，妇人阴也，故曰婚。"婚礼在夜晚黄昏时举行，因此必须"执烛前马"，在《仪礼·士昏礼》中写道："主人（婿）弁爵，钟（锺）裳缁袍。从者毕（全）玄端。乘墨车，从车二乘，执烛前马。"郑玄注："使徒役持炬火，居前照（炤）道。"吴晓峰认为，古代婚姻六礼中，亲迎之礼是在黄昏举行，因此必须要点燃火把照明，即"执烛前马"。他还认为《诗经》中伐楚、束薪都是男子黄昏时点燃火把亲往女家迎娶新娘的象征。❶ 清代魏源在《诗古微》中也说："《三百篇》言'娶妻'者，皆以'析薪'取兴，盖古者嫁娶必以燎炬为烛。"❷ 在《诗经·绸缪》一文中，生动描绘了婚礼从黄昏到深夜的过程。对于"夜晚"这一特殊时间性的表现，主要体现为两组要素，一是三星的空间移动——在天、在隅、在户，二是照明的火把——束薪、束刍、束楚。敦煌壁画第 85 窟保存有一幅亲迎图，画面部分残缺，但仍可辨别出一名侍从高擎火炬。《新集吉凶书仪》载："引女出门外，扶上车中，举烛，整顿衣服。男家从内抱烛如出，女家烛灭。"司马光在《温公书仪》中也说："婿乘马在前，妇车在后，亦以二烛导之。"可见，古时嫁娶在夜间进行，持火炬照明既有实际照明功能的需要，同时也是一种仪式，烛火高照，通乎神明，可得福佑。❸

人们称新婚之夜为"洞房花烛"，洞房本义是深邃的内室，也常常形容奢华的寝室，与"花烛"同用，则特指新婚用的寝房。"洞房"一词较早出现在南朝齐谢朓《咏烛诗》中，"杏梁宾未散，桂宫明欲沉。暖色轻帏里，低光照宝琴。徘徊云鬓影，烁烁绮疏金。恨君秋月夜，遗我洞房阴。"❹ 北周庾信的《和咏舞》中有"洞房花烛明，燕余双舞轻"，洞房花烛成语始出于此。唐代朱余庆的《近试上张水部》中有"洞房昨夜停红烛，待晓堂前拜舅姑。"自此，洞房花烛特指新婚之夜，花烛亦被赋予男女婚嫁的象征意义。

花烛即彩饰的膏烛，在蜡液中加入色彩，或在烛身装饰花纹，属于蜡烛中的精品，通常用在重要的仪式或宴饮场合。花烛资源稀缺，价格昂贵，

❶ 吴晓峰.《诗经》中物类事象的礼俗化研究 [M]. 武汉:武汉出版社,2009:103.
❷ 魏源. 诗古微 [M]. 长沙:岳麓书社,2004:341.
❸ 李湘. 诗经名物意象探析 [M]. 台北:万卷楼图画有限公司,1999:87–88.
❹ 谢朓. 谢朓集校注 [M]. 北京:中华书局,2019:396.

但却是婚礼亲迎时必备的礼物。亲迎之礼中还有一项"观花烛"的程序。自唐代以来，"观花烛"成为一种正式的观礼，颜真卿在《更定婚礼奏》中写道："故事，朝廷三品以上清望官定赴婚会，谓之观花烛。"可见，"观花烛"最初主要用于皇室婚礼，尤其是迎娶公主的仪式。张说在《谢观唐昌公主花烛表》中写道："臣说言：内侍尹凤翔宣勒，赐臣观唐昌公主花烛。伏以天人下嫁，王宰送行，苟非荣宠，何阶瞻望。臣免归余畟，忽承朝请之恩；废驾赢骖，复睹肃雍（雝）之礼，鸿私所被，枯瘁生光，无任欢荷之至。谨奉表陈谢以闻。"王昌龄《萧驸马宅花烛》："青鸾飞入合欢宫，紫凤衔花出禁中。可怜今夜干门里，银汉星回一道通。"卢纶《王评事驸马花烛诗》："万条银烛引天人，十月长安半夜春。步障三千隘将断，几多珠翠落香尘。一人女婿万人怜，一夜调疏抵百年。为报司徒好将息，明珠解转又能圆。人主人臣是亲家，千秋万岁保荣华。几时曾向高天上，得见今宵月里花。比翼和鸣双凤凰，欲栖金帐满城香。平明却入天泉里，日气瞳眬五色光。"唐代公主婚礼中的"观花烛"仪式已相对比较规范，而且带有一定的政治色彩。据传武崇训尚安乐公主时，为了表达对皇家公主的重视，武三思令宰丞李峤、苏味道，词人沈佺期、宋之问等赋花烛行歌咏记录这场婚礼。

据传宋之问（或沈佺期）曾以《寿阳王花烛图》作同名题画诗，以纪念永平郡王（寿春郡王）的婚礼，该画是表现唐代贵族婚礼的风俗图，词名题画诗中有"烛照香车入，花临宝扇开"。花烛在婚礼仪式中扮演着重要的角色，在清代风俗画《姑苏繁华图》中，有一处宅院里正在举行婚礼，堂上端坐着的年长夫妇应为新郎父母，新郎跪拜于前，新娘盖红头帕作揖，两侧站着许多观礼之人（图3-16）。庭院内外的灯饰符合典籍中关于婚礼的描写，正堂和庭前都挂满了灯笼，其中正堂的条案上点着燃烧的红烛，院内停着的一顶花轿上四周悬挂着灯笼。此外，还有人手提或肩扛灯笼穿梭其中，庭院大门外候着数十人持立式灯笼。根据这个场景的描绘，我们大致可以推断出婚礼仪仗队伍中灯烛的基本情况。

"观花烛"作为婚礼中的一部分，属于一种仪式的"见证"。在儒家思想统治的传统社会里，婚礼是合二姓之好，是关乎宗族社稷的大事，因此婚礼需要宗族亲属的见证。《续玄怪录》"窦玉妻"条（又见《太平广记》三四三）载："俄而礼舆香车皆具，华烛前引，自西厅至中门，展亲御之礼。因又绕床一周，自南门入。"《封氏闻见记·卷五》"花烛"条载："近代婚嫁，有障车、下婿、却扇及观花烛之事，又有卜地安帐并拜堂之礼，上自

图 3-16
《姑苏繁华图》中的婚礼场景

皇室，下至士庶，莫不皆然。"❶ 自唐开始，直到清代，花烛之礼一直是婚礼
的重要组成部分，清代吴炽昌在《续客窗闲话》中记载，嘉庆初年，白莲
党的头领抢掠了一名女子，欲强娶为妻，此名女子出自诗礼旧家，"虽乱离
中不得父母之命，媒妁之言，然花烛合卺之礼，不可废也。"该书中还记载
了一位叫许宗伯的人，买不起结婚用的花烛，只能"代以二油灯"。在《晚
清述闻》中，有对婚礼中所用"花烛"的细节描写：

　　在方桌前，以锡高照插龙凤礼烛，东西各一枝。由主婚者（若新郎的
父母不双存，则请亲友的好命多子孙者）夫妇二人同点龙凤烛，以烛不泄
油同时燃尽为最好。但烛长尺许，烧尽需时，于是主婚者又派专人守烛。
在那时俗例，新夫妇合卺时，更须将在迎亲时女家送来的盘桔并置于桌前
端，由主婚者以及戚友纷纷为新郎新娘题四句祝福。题句庸俗，不外举案
齐眉、百年偕老而子孙众多的意义而已。经过一番纷扰，由新郎的亲属着
晚一辈的人手提纱灯作前导，送新夫妇齐入洞房。❷

---

❶ 封演. 封氏闻见记校注 [M]. 赵贞信, 校注. 北京:中华书局,2005:43.
❷ 文安. 晚清述闻 [M]. 北京:中国文史出版社,2004:198.

中国国家博物馆、故宫博物院、山西博物院等多家博物馆都藏有一种汉代雁鱼灯，这种灯以鸟身为灯体，鸟首向后张喙衔鱼构成灯的基本造型，在形态、色彩、结构和尺寸等诸多方面都呈现出一种类型学上的相似性（图3-17~图3-20）。目前发现的雁鱼灯主要分布于汉代重要郡所（现陕西至山西一带）的墓葬中，其中有的墓室主人身份不详，但可断定为两汉时期的贵族，可以确定墓主身份的有江西南昌海昏侯墓，该墓中出土了一对雁鱼铜灯（图3-21）。这些代表着汉代制作水准的青铜灯具的特征高度相似，因此可以大胆推测，雁鱼灯在汉代不仅是代表身份等级的器物，它应

图 3-17
雁鱼铜灯　汉　中国国家博物馆藏

图 3-18
彩绘雁鱼铜灯　西汉　中国国家博物馆藏

图 3-19
雁鱼铜灯　汉　山西博物院藏

图 3-20
雁鱼铜灯　汉　高 53.5 厘米　长 34 厘米
重 4.978 千克

图 3-21
青铜雁鱼灯　海昏侯墓　主墓北藏椁中出土

当还具有特定的仪式性和象征性功能。

目前并没有明确的证据来证实雁鱼灯在汉代的文化特殊性，有学者认为它主要用于汉代的贵族婚礼。在中央电视台《国宝档案1·青铜器案》中，有学者提出它类似于今日婚礼中戒指的意义❶，"鸿雁传书，鱼传尺素"，大雁和鱼在古代代表了情意的传递，雁鱼灯用于新婚夫妇室内既象征着夫妻的情意，又具有吉祥祝福的寓意。但是，海昏侯墓出土的雁鱼灯被发现时是放置于酒器库中，似乎又模糊了它作为新婚所用器物的角色，因为按照传统的假设，它们应该与寝具放置在一起更为合适。目前尚未发现两汉之后的雁鱼灯实物，即使在宋代兴起的金石考古风尚中，雁足灯为代表的两汉青铜灯具成为一种"流行"，雁鱼灯也并没有再次进入古人的生活。通过雁鱼的图像学考察，结合汉代的婚姻观念和婚俗礼仪，雁鱼灯极有可能是两汉时期贵族新婚"礼物"。

中国古代婚姻讲究"三书六礼"，其中六礼指娶妻之聘礼，包括纳采、问名、纳吉、纳征、请期、亲迎六种礼节，除纳征外，男方都要携带"雁礼"。《仪礼·士昏礼》载："昏有六礼，五礼用雁，纳采、问名、纳吉、请期、亲迎是也。"可以说，雁是婚礼中最重要的礼物。因此，古代也把结婚称为"举雁齐眉"。宋代郑樵在《通志》中记载了后汉时聘礼需备的三十种物品：

> 后汉之俗，聘礼三十物。以玄纁、羊、雁、清酒、白酒、粳米、稷米、蒲、苇、卷柏、嘉禾、长命缕、胶、漆、五色丝、合欢铃、金钱、禄得、香草、凤凰、舍利兽、鸳鸯、受福兽、鱼、鹿、乌、九子蒲、阳燧钻，凡二十八物，又有丹为五色之荣；青为东方之始，共三十物，皆有俗仪。❷

《全后汉文》中收录了郑众的婚礼赞文，其中"礼物"一栏详细罗列了婚礼应准备的物品，与《通志》记载的三十俗礼基本吻合，并且说明了各种物品选择的原因，其中之一是"总言物之所象者"，说明了这些礼物都是基于自然对象本身的特征基础上，同时具备了与婚姻相关的象征和隐喻，

---

❶ 中央电视台《国宝档案》栏目组. 国宝档案1·青铜器案 [M]. 北京：中国民主法制出版社，2009：222.

❷ 郑樵. 通志二十略 [M]. 北京：中华书局，1995：713.

这些物品后来逐渐演变成婚姻寓意的图像或符号。从历代文献记载中看，大雁和鱼都是婚俗中的重要礼物。以《仪礼》《周礼》《礼记》为中心的中国古代礼仪典籍文献，记载了中国古代婚姻复杂繁琐的仪程和礼物，对于婚礼的重视通过"礼物"得到了充分的呈现，婚嫁"六礼"的每一个环节都有详细的规定。《白虎通·嫁娶》《唐律》等典籍中，都有关于婚嫁用雁的详细记载。北周庾信在《彭城公夫人尔朱氏墓志铭》中写道："三星照夜，佇稽鸣雁之期；七日秉秋，坐矛（鹰）飞皇之兆。"倪璠注："婚姻六礼皆用雁，故云鸣雁之期。"婚礼仪式中亲迎的奠雁之礼一直沿袭到近代，赵和平在《奠雁——两千年婚礼仪式的变与不变》一文中，论述了奠雁这一传统习俗形成与保留的原因，❶ 有些少数民族地区目前还保留有婚姻奠雁礼的习俗。

　　鸳鸯、天鹅、信天翁等禽类均常被用来比喻爱情的忠贞不渝，为何在婚礼中，却将大雁作为最重要的"聘礼"之一呢？聘礼表示对对方的尊重，对于男女双方而言，它更是一种缔结婚姻的标志性礼节，"六礼备，谓之聘；六礼不备，谓之奔。"《唐律疏议》载："婚礼先以聘礼为信，故礼之聘则为妻。"以"大雁"这样儒家尊崇的"五常"灵禽作为聘，则是重礼的表示。因为大雁不仅仅象征着夫妻情义专一，更重要的是还象征了儒家对夫妻关系的约定和规范。

　　聘礼原是周代诸侯外交的礼仪之一，《礼记·聘义》载："故天子制诸侯，比年小聘，三年大聘，相厉以礼。"郑玄注："大问曰聘。诸侯相于久无事，使卿相问之礼。"《仪礼·士相见礼》中说下大夫相见时执雁为礼，"下大夫相见以雁，饰之以索，如执雉。"两汉时期流行的"孔子见老子"画像中，多表现为孔子执大雁问礼于老子，即孔子或其弟子手执大雁，或在他们身侧画着一只大雁，这与士大夫相见时执雁为礼的记载相吻合。山东嘉祥武氏祠汉画像中《孔子见老子图》中所绘飞鸟，也许可以作为"雁为贽礼"的图像佐证（图3-22）。宋洪适推论此画像石中孔子所执为雁，"孔子面右，贽雁，老子面左，曳曲竹杖。中间复有一雁、一人，俯首，在雁下，一物拄地，若扇之状，石有裂纹，不能详辨。"在第五石中，老子曳杖面右，孔子面左，怀中有一雁伸出，且二人中间仍绘有一鸟。执雁为礼再现了孔子以学生姿态"问礼"于老子的历史典故，同时，雁也成为"礼"的一种代表性图像。

　　"雁"被儒家思想推崇，主要基于以下五点：

❶ 赵和平. 奠雁——两千年婚礼仪式的变与不变 [J]. 敦煌研究,2017(5):12-18.

图 3-22
山东嘉祥画像石

①尊信：大雁是候鸟，每年春分飞回北方繁殖，秋分飞往南方过冬。

②仁德：雁群不会放弃老弱病残，由壮年的大雁负责照顾。

③守礼：大雁飞行时严格遵守长幼顺序，《礼记》中以"雁序"来比喻兄弟之情，"父之齿，随行；兄之齿，雁行。"

④智慧：大雁敏锐机警，飞行和休息时都有壮雁担任警戒。

⑤情义：大雁雌雄相配，从一而终。

这些特征符合儒家思想推崇的"五常"人格，即仁、义、礼、智、信，因此大雁也被誉为"五常"俱全的灵禽，被儒家尊为五礼之贽，用于婚嫁"六礼"中，则是将这大雁的"五常"投射到夫妻关系上。《白虎通·嫁娶篇》载："用雁者，取其随时南北，不失其节，明不夺女子之时也，又取飞成行，止成于列也，明嫁娶之礼，长幼有序，不逾越也。又婚礼贽不用死雉，故用雁也。"遵从阴阳顺序，是构成儒家思想"三纲"的根本。《白虎通·三纲六纪》载："君臣、父子、夫妇，六人也，所以三纲何？一阴一阳谓之道，阳得阴而成，阴得阳而序，刚得柔相配，故六人为三纲。"君臣、父子、夫妇三组关系明确表达了阳为主、阴为辅的从属关系。君为臣纲，父为子纲，夫为妻纲，中国古代强调丈夫对妻子、父亲对儿子、君王对臣属的主导和支配地位，并构成了以父权制为基础的宗法社会伦理逻辑。在"修身、齐家、治国、平天下"的儒家伦理观念下，家、国、天下层层递进，血脉相连，共同构建了家国天下一体的社会秩序。因此，要维系社会的稳定，家庭基础的构筑就变得十分重要，"有夫有妇，然后为家。"家是国之根本，家庭因婚姻而建，而婚礼必须依礼而成，它们层层关联，建立了紧密的逻辑关系。婚嫁不是简单的男女情爱，而是家国天下社会秩序的基石。在儒家观念里，只有夫妻关系稳定，国家才能稳定，夫妻顺应阴阳，男为阳，女为阴，夫为阳，妻为阴，妻子需要顺从丈夫，才符合"三纲五常"的伦理要求。

人道所以有嫁娶何？以为情性之大，莫若男女。男女之交，人情之始，莫若夫妇。易曰："天地氤氲，万物化淳，男女构精，万物化生。"

礼男娶女嫁何？阴卑不得自专，就阳而成之，故传曰："阳倡阴和，男行女随。" ❶

"敬慎重正而后亲之，礼之大体，而所以成男女之别，而立夫妇之义也。男女有别，而后夫妇有义；夫妇有义，而后父子有亲；父子有亲，而后君臣有正。"

大雁随季节南北迁徙，又被称为阳鸟，"随阳之鸟，鸿雁之属"。孔颖达疏："此鸟南北与日进退，随阳之鸟，故称阳鸟。""积阳之热气生火，火气之精者为日。"而灯（镫）的本质也是借助外力手段聚火以照明，不管是燃烧柴薪还是油脂，它的根本属性是"火"。火来自太阳，古人在西周时期已经学会了利用阳燧取火，那么太阳与取火（聚火）之物就产生了相互的联系，阳鸟自然也成了取火（聚火）器物的重要象征。春秋时期的龙鸟纹阳燧、东汉陶片上的阳燧虫、中山王墓出土的阳燧灯等，都突出了鸟与火的象征。从这种意义上来说，以雁鸟为灯的主要造型，也是利用了鸿雁（阳鸟）取火于日的隐喻。

因此，鸿雁被认为是天界的瑞禽，被赋予了与仙界相通的神话属性。在汉代黄老之学的影响下，人们视死如生，认为死后能够进入天界，并构想出天上、人间、地下三重世界，日、月代表天界，鸿雁（阳鸟）出现是祥瑞之兆，它们停留的地方就是神仙福祉。传为汉武帝所作的《赤雁歌》描绘了想象中五彩大雁聚集的蓬莱仙境，"赤雁集，六纷员，殊翁杂，五采文。神所见，施祉福，登蓬莱，结无极。"在《册府元龟：卷二十六·帝王部·感应·神助》中则借赤雁聚集来宣扬帝王美德，"以立世宗庙告祠孝昭陵，有雁五色集殿前。"在这些描述里，鸿雁集聚了吉庆、祥瑞的祝福意味。

---

❶ 班固. 白虎通疏证. (清) 陈立, 疏证 [M]. 北京: 中华书局, 1994: 451.

从以上引文可见，大雁和鱼并不是简单的婚礼祝吉物，而是象征了传统社会中以男性为主，女性为辅的夫妻关系。雁为阳，鱼为阴，除了在五礼中用大雁，在亲迎环节，男方须在寝门外放豚鼎、鱼鼎和腊鼎，其中鱼鼎中盛装十四条鱼。在郑樵所列的婚嫁礼物清单中，鱼也是不可缺少之物。《淮南子·天文训》载："毛羽者，飞行之类也，故属于阳；介鳞者，蛰伏之类也，故属于阴。"杜佑《通典》载："鱼，处渊无射。"

在上古神话中，鱼被认为具有复活的巫术能力，《山海经·大荒西经》中说："有鱼偏枯，名曰鱼妇。颛顼死即复苏。风道北来，天乃大水泉。蛇乃化为鱼，是为鱼妇。"原始艺术中有许多关于鱼的图案形象，如西安半坡彩陶文化中的"人面鱼纹"，这些纹饰均发现于儿童瓮棺中，柴克东认为它的原型应该来自上古神话中的复活鱼女神（图 3-23）。[1] 原始社会时期十分重视人口的繁衍，它是影响部落发展的重要因素，在早夭的儿童瓮棺上装饰人面鱼纹，可能带有期待重生的祈祷意义。作为沉潜之物，中国古人认为，鱼能够穿越死亡的水域引领灵魂的重生，以战国时期的《人物御龙帛画》为例，画中男子驭龙而行，龙尾上站着一只鹭，下左下角一尾鲤鱼随行（图 3-24）。

图 3-23
人面鱼纹盆　新石器时代　高 22 厘米　口径 44 厘米　陕西历史博物馆藏

图 3-24
人物御龙帛画　战国　湖南博物院藏

---

❶ 柴克东. 仰韶"彩陶鱼纹"的神话内涵新解——兼论中国古代的女神崇拜[J]. 文化遗产,2019(5): 120-127.

图 3-25
绢画童子抱鱼吊灯　故宫博物院藏

图 3-26
人物·鱼衔鱼画像　东汉　山东省临沂
市独树头镇西张官庄出土

同时，鱼在民间又隐喻两性关系。闻一多先生认为鱼在古代是对配偶的隐喻，在先秦诗歌《诗经》中，就以食鱼比喻娶妻，"岂其食鱼，必河之鲂？岂其取妻，必齐之姜？岂其食鱼，必河之鲤？岂其取妻，必宋之子？"《管子·小问》借婢子引《诗》曰："浩浩者水，育育者鱼。未有室家，而安召我居？宁子其欲室乎？"鱼象征着男女关系，而捕鱼、钓鱼这种带有主动意味的行为，也被用来比喻寻找伴侣。除此之外，鱼腹多子的生理特征，又给它带上了一层美好的祈愿，即孕育子嗣、传宗接代，"童子抱鱼"也成为经久不衰的图像主题（图 3-25）。从古至今，民间都有以鲤鱼作为新生儿祝贺礼的习俗，孔子的儿子名鲤，字伯鱼，就是因为他出生时鲁昭公送了一尾鲤鱼表示祝贺，"伯鱼"一词后来成为对别人儿子的美称。

原始社会时期已经出现了各种样式的鸟鱼组合图案，以河南省汝州市出土陶缸上彩绘鹳鸟衔鱼图、陕西宝鸡出土彩绘陶壶水鸟衔鱼图为代表，都直观地呈现了鸟征服鱼的强弱对比关系，鹳鸟衔鱼图中的石斧更是强化了二者之间的对立关系，因此，有学者认为这是记载了原始社会的部落战争。但是，到了汉代，这种鸟衔鱼图像的语境就发生了变化，汉画像中有大量鸟衔鱼的题材，雁鱼灯可以看作是"鸟衔鱼"经典图式的器物转换，它的造型与山东临沂市独树头镇西张官庄出土东汉墓中的鸟衔鱼画像十分相似，画像下方一只大鸟分腿伫立，回首，张喙衔住一条鱼（图 3-26）。在四川泸州麻柳湾崖墓棺中的一幅图像，比较明确地表达了鸟衔鱼图像与婚姻的象征和隐喻关系，在鸟衔鱼图像左侧，有一着袍戴冠男性和一长裙高髻的女性，二人各举一手相交，应有夫妻二人"交杯"之意（图 3-27）。

"鸿雁传书""鱼传尺素"象征着情意的传递，因为雁鱼具有沟通天地的神力，所以雁足系书或鱼腹藏书都带有一种顺应天意的暗示意味。鸿雁传书典故出自《汉书·苏武传》，苏武出使匈奴后，被单于扣押数年不得回汉，随从常惠献计，让大汉使者告诉单于，说天子在上林苑狩猎时射中了一只大雁，大雁的脚上有一封帛书，上面写着苏武被困匈奴的地方，最终单于只能放苏武归汉。据说陈胜吴广起义前，将

图 3-27
夫妻交杯与鸟鱼巫觋画像石　线描　泸州麻柳湾崖墓棺身右侧

写有"陈胜王"的帛书放在鱼腹里，假托"鱼腹藏书"，告诉天下众人他们
的造反是奉天命为之。雁和鱼传递书信的真实性和科学性无证可考，明代
顾元庆认为"腹中安得有书，古人以喻隐秘也。鱼，沉潜之物，故云。"但
雁鱼传情却成了流行的文学主题，"客从远方来，遗我双鲤鱼；呼儿烹鲤鱼，
中有尺素书。""鸿笺小字，说尽平生意。鸿雁在云鱼在水，惆怅在此情难
寄。""鸿雁长飞光不度，鱼龙潜跃水成文。"

　　这几盏鸟衔鱼的青铜灯具，与"鸟衔鱼"的图像有比较明显的关联性，
因此，笔者推断，这种形制的造型可能还是主要取用了大雁和鱼的阴阳、
主从隐喻关系，在满足室内照明功能基础上，应更突出它在婚礼当中的仪
式性和象征性。两汉时期是青铜灯具的高峰，这一时期的青铜灯具制作技
术成熟，设计优良，以长信宫灯为代表的钉灯完美地将造型和功能结合，
同时体现了先进的环保理念。"观象制器""器藏以礼"的造物思想，在汉
代灯具中也得到了充分的展现。青铜雁鱼灯作为汉代钉灯的典型，除了在
造型和功能的结合意义外，更值得研究的是它背后承载的礼俗和文化象征
含义。

　　如果从雁鸟衔鱼的图像关系去思考它们和灯的关联，可以结合前文所
分析的雁鱼与婚姻的隐喻和象征，进一步去讨论它可能包含的仪式和教化
功能。雁鱼灯通过将雁和鱼的阴阳象征含义迁移到灯具上，"应物象形"，将
"雁飞南北，合于阴阳"的教条通过雁鱼灯传达，不仅仅是为了表达爱情和
婚姻的美好，传递对婚姻的祝福，更进一步来说，它以一种静态的器物的
存在，来时刻提醒新婚夫妻要谨记家庭的根本，从夫妻、父子、君臣的层
级递进关系中，强调家庭伦理和政治伦理的内在统一性。

第四章

秉烛夜游：中国古代夜间生活

在甲骨文中，"游"字表现为一个人手握旗杆在走路（图 4-1）。《说文解字》记载："游，旌旗之流也。"后来所用之"游"，包含了在水中浮行、走动、游览等多种含义，并在此基础上衍生出更多的意义。其一，与水相关。《玉篇·水部》："游，浮也。"《诗经》："溯游从之，宛在水中央。"《史记》："古之帝者地方千里，必居上游。"其二，表达闲散、放纵，通常具有贬义色彩。《荀子》："臣下职，莫游食。"游食即指不勤于事，继而引申到了放纵、虚浮等，《礼记·缁衣》："故大人不倡游言。"郑玄注："游，犹浮也，不可用之言也。"其三，指走动、游览、遨游。"游"通"遊"，《玉篇》："遊，与游同。""遊"具遨游之意，"岂弟君子，来游来歌，以矢其声。"中国传统文化中的儒家和道家思想都非常推崇"遨游"。

甲骨文　　金文　　楚系简帛　　秦系简牍　　说文　　楷书

图 4-1
游的字形演变

第一节　逸乐：士人夜游

"游"在儒家思想和道家思想中均占有重要地位，孔子要求学生"志于道，据于德，依于仁，游于艺"，其中"游"以六艺❶为基础，带有从容涵泳之意。这里的"游"是"玩物适情"，是成才和进德之必备。钱穆注解"游于艺"："游，游泳。艺，人生所需。孔子时，礼、乐、射、御、书、数谓之六艺。人之习于艺，如鱼在水，忘其为水，斯更游泳自如之乐。"道家思想中的"游"，则是指一种隐居状态，庄子在《逍遥游》中说："乘天地之正，而御六气之辩，以游无穷者，彼且恶乎待哉"。因此，中国文化艺术中的"记游"主题一直长盛不衰，不管是文学还是绘画，都有大量"记游"的作品。展子虔的《游春图》是现存较早的描写文人士大夫生活的"记游"作品，主要表现了士人春天郊外"踏青"游玩的场景（图 4-2）。全画以自

---

❶ 六艺为礼、乐、射、御、书、数。

图 4-2
《游春图》 隋 展子虔 故宫博物院藏

然山水景色为主，有三三两两的人物点缀，步行、骑马、泛舟，呈现出一片悠然自得的气氛。明代周臣的《春山游骑图轴》也是以传统的春山行旅为题材，在岩石峻峭的山林中，主仆三人正在经过山涧上的小桥，中间一人坐于马上，正回头欣赏路边景色。这类"记游"作品表现的是盛行于士大夫之中的"山水寄情"，带有中国传统艺术特有的象征手法，山水之中的旅人并非真正意义上赶路的行人，而是借"记游"来表达道家思想中追求的隐居状态。

　　游春踏青的习俗可以追溯到魏晋的修禊，修禊本是古代的一种祭祀活动，主要是濯除不洁，在农历三月初三，官吏和百姓都要到水边濯洗以求消灾祈福。据《武林旧事》记载："清明前后十日，城中使女艳妆秾饰，金翠琛缡，接踵联肩，翩翩游赏，画船箫鼓，终日不绝。"据《宣和画谱》记载，内府收藏有三幅张萱作品，分别是《虢国夫人游春图》《虢国夫人夜游图》《虢国夫人踏青图》，再现了唐朝时流行于贵族之间的"春游踏青"，杜甫的《丽人行》正是描绘了这些贵族妇女鲜衣怒马踏青游玩的情况，"三月三日天气新，长安水边多丽人。态浓意远淑且真，肌理细腻骨肉匀。绣罗衣裳照暮春，蹙金孔雀银麒麟……紫驼之峰出翠釜，水精之盘行素鳞。犀箸厌饫久未下，鸾刀缕切空纷纶。"北宋李公麟（传）的《丽人行图》描绘了秦国夫人、韩国夫人、虢国夫人长安水畔春游的情景，表现了杜甫的诗意（图 4-3）。另一幅宋代佚名画家作品《杜甫丽人行图》，构图复杂，景物繁密，楼台殿阁、舟车鞍马充塞画面，带有极强的装饰性（图 4-4）。在这些奢侈的排场中，鲜衣怒马、纵情享乐是"春游"的标志。这类贵族出游

图 4-3
《丽人行图》 北宋 李公麟 台北故宫博物院藏

的作品，常常浓墨重彩地表现鲜衣怒马的享乐主义。

春游踏青后来演变成士人雅聚的经典范式。白居易在《春游》一诗中明确提出"逢春不游乐，但恐是痴人"。士人春游和贵族春游相比，更强调一个"雅"字，既表现春季草长莺飞的闲适，又强调诗词歌赋的雅玩。故宫博物院藏宋代佚名画家的《春游晚归图》描绘了城门前一群春游归来的人（图 4-5）。画中共绘 11 人，骑马的长者是主人，位于画面正中，最前面有两名仆从引路，牵马的仆从被马遮挡住身形，仅露出一侧头部，另有两名仆从随侍于左右两侧，其余紧随其后的 5 名仆从，挑、扛、背、提，带着春游的一应物什。人物形态各有不同，相互呼应，虽然没有直接描绘春

图 4-4
《杜甫丽人行图》 宋 佚名 台北故宫博物院藏

图 4-5
《春游晚归图》 宋 佚名 绢本设色 团扇 24.2 厘米 ×25.3 厘米 故宫博物院藏

游的场景，但是从一个"晚"字，点出了乐不思归的心情，携带的仆从和物什更是突出了春游的讲究，并不是简单的赏花游玩，更可能是呼朋唤友，喝酒饮茶的朋友雅聚。明代仇英、戴进都以"春游晚归"为题作画，戴进的《春游晚归图》中，近景处（画面右下端）一名士人正在叩门，另一名仆从牵着毛驴在等候；画面近景左侧，一名仆从扛着伞，另一名仆从挑着担，正朝着小院走去（图4-6）；院内一名匆匆而来的仆从，他手里提着一盏灯笼，点出了"晚归"的时间性；仆人身侧还跟着一只小狗，使画面充满了浓厚的生活气息。仇英的《春游晚归图》也是描绘了主仆四人，主人骑于马上，一名仆从左手拄杖，正抬起右手叩门，马后跟随着两名童仆，一人携琴，另一人肩挑书卷和酒器（图4-7）。对比三幅春游图，只有戴进的绘画中用仆人提着的灯笼直接表达了"晚归"的题意，另外两幅绘画都是用迷蒙的暮色和氛围的营造来突出"晚归"。传为宋代张齐翰的青绿小品《秉烛夜游图》，从画面风格来看，应是明、清托名所作（图4-8）。该画描绘了一名士人乘车夜游，一名仆从手持烛台引马前行，右侧的仆从正准

图 4-6
《春游晚归图》明 戴进 台北故宫博物院藏

图 4-7
《春游晚归图》 明 仇英 台北故宫博物院藏

图 4-8
《秉烛夜游图》 宋 张齐翰

备给主人斟酒，另外两名仆从抬着古鼎跟随其后，前面的仆从右手持烛台，左手握住右肩上的抬杆，正回首与抬鼎的同伴交谈。烛台、酒壶和古鼎，都具有典型的明代风物特点。它与"春游晚归"的表现内容不同，这名士人可以是去访友的途中，抑或是访友归来，画家对此并没有做出特别的交代，只有两盏照路的红烛，强调了"秉烛夜游"的画题。

有关夜游的意义，"王子猷访戴"的故事十分有代表性。据《世说新语》记载："王子猷居山阴，夜大雪，眠觉，开室命酌酒。四望皎然，因起彷徨，咏左思《招隐诗》。忽忆戴安道。时戴在剡，即便夜乘小船就之。经宿方至，造门不前而返。人问其故，王曰：'吾本乘兴而行，兴尽而返，何必见戴？'"王子猷"夜游访戴"，兴起而游，兴尽而返，注重的是"兴之所至"，而不是要真正见到戴安道的这个结果。因此，士人"夜游"，在于"游起于兴"：兴，然后游；游，然后观。观天地山水，养放达性情，这才是夜游的真正意义所在。"雪夜访戴"在士人间十分流行，黄公望、夏葵等都曾以此为画题。明代周文靖《雪夜访戴图》描绘了雪色苍茫的夜景（图4-9），身披蓑衣的船夫正在撑杆划船，王子猷抄手坐在船舱内，怡然自

图4-9
《雪夜访戴图》　明　周文靖

得地欣赏着船外风景，身侧矮几上，似乎并未受雪夜风寒的影响下。身侧的矮几上，一盏正在燃烧的烛灯点明了"夜游"的时间性。

从另一个角度来说，夜游访友是士人身份和人格建构的一种重要表现，如马远的《寒岩积雪图》、李唐的《秋堂客话图》、吴镇的《深溪客话》等，都是把故事安排在深山、松树、溪桥、茅舍构成的环境中，简单勾勒出士人围坐夜谈的情景，一支象征性的蜡烛和书卷，就交代出了"夜间访友"的故事线索（图4-10）。"秉烛夜游"成为士人表现人生观和生命观的重要方式，《古诗十九首·生年不满百》道："生年不满百，常怀千岁忧。昼短苦夜长，何不秉烛游！为乐当及时，何能待来兹？愚者爱惜费，但为后世嗤。仙人王子乔，难可与等期。"既然白天的时光如此短暂，黑夜如此漫长，那就借助灯烛的光明，在夜晚畅快地游玩。因此，"秉烛夜游"是一种珍惜生命、及时享乐的现实主义，但这种现实主义在士人的生活中，演变为一种达观和自我，成为一种有目的的"雅乐"范式，这种态度，在李白《春夜宴从弟桃李园序》中得到了充分的表达。

夫天地者，万物之逆旅，光阴者，百代之过客。而浮生如梦，为欢几何？古人秉烛夜游，良有以也。况阳春召我以烟景，大块假我以文章。会桃李之芳园，序天伦之乐事。群季俊秀，皆为惠连，吾人咏歌，独惭康乐。幽赏未已，高谈转清。开琼筵以坐花，飞羽觞而醉月。不有佳作，何伸雅怀。如诗不成，罚依金谷酒数。

李白以天地万物为背景，感叹人生短暂，不要辜负大好时光，应当及

图4-10
《秋堂客话图》 南宋 李唐

时行乐，他特别强调了古人"秉烛夜游"的原因。这首诗中的"夜游"传递的是一种积极的精神，他所描绘的饮酒高谈，并非普通市井百姓间的单纯饮酒作乐，而是需要非常深厚的文学和艺术修养——咏歌、高谈、佳作、雅怀，这些都是中国古代文人聚会的重要内容，因此，诗歌所描绘的图景虽然是春夜在桃园饮酒，其实也是一种"谈笑有鸿儒，往来无白丁"的士人雅集。

以《春夜宴桃李园图》为题的绘画在明清时期十分流行，仇英、崔子忠、盛茂烨、吕焕成、黄慎、冷枚等都有存世同名画作，同时，还有笔筒、瓷杯、瓷板上的同名图像和缂丝画等。这些图像虽然风格各有不同，但却都通过典型的符号表达了春夜宴桃园这一文人雅集的主题性。"桃李园"题材的画作中人物特征鲜明，以李白为中心的一群士人，或凝思、举杯、吟哦、读诗……侍者（女）焚香、煮茶……构筑了经典的文人雅集场景。唐寅的《春夜宴桃李园图》为绢本设色，画中桃李满园，灯烛高燃，树下四人围坐，桌案上有酒具和纸烟，其中李白双手捧杯陷于深思中，一人低头执杯，另一人握笔凝思，还有一人双手展卷似乎正在品读，他身后站着一人，正在俯观书卷。

台北故宫博物院藏仇英《春夜宴桃李园图》，绢本设色（图 4-11）。满园桃李春色，五名士人围坐于树下的长桌，神态怡然，右首一人手持酒杯，围着披肩，衣服颜色比画中其他人更鲜明，应当就是夜宴的主人李白。桌上摆放着的杯盘碗盏十分雅致，旁边石桌上堆放着壶、觚、杯、卷轴等，说明这不是一场普通的宴饮，而是文人之间的雅集。其中一人右手持杯向前，一名童仆手捧酒壶正在倒酒，呼应了"如诗不成，罚依金谷酒数"的场景描述。李白面前燃着一支红色的蜡烛，烛台制作精美，与画中的各种

图 4-11
《春夜宴桃李园图》 仇英 29.8 厘米 ×124 厘米 台北故宫博物院藏

事物构成一套整体。桃树枝上插着一盏罩着纱笼的灯，两盏灯都是红色蜡烛，画家还描绘了烛火燃烧产生的烟雾。

　　台北故宫博物院还藏有冷枚的《春夜宴桃李园图轴》，绢本设色（图4-12）。这幅画作中依然承继了中国画的表现方式，满园桃李盛开，李

图 4-12
《春夜宴桃李园图轴》　清　冷枚　188.8 厘米 ×95.6 厘米　台北故宫博物院藏

白和兄弟们正在院子里饮酒。四名士人围桌而坐，其中穿白色衣服的男子应为李白，他正执笔伏案而书。左首之人正看向另一侧穿着紫色外袍的男子，他懒散地坐在椅子上，正持杯而饮。另一名穿粉色外袍的男子侧身端着酒杯，旁边的侍女正在倒酒，他身后还站着一名着绿色外袍的男子。树下有一名迟到的蓝衣男子，身后紧紧跟着一名童仆。冷枚画作里的细节非常有情景感，围桌的四人明显已经酒至半酣，而蓝衣男子身后跟着的童仆把灯笼挑杆插在衣领处，似乎是为了腾出双手来拉住背着的酒坛，躬身前行的姿态也暗示着酒坛的重量不轻。左侧桃花树下的三名仆人，一人手持蒲扇，视线看向喝酒的几人；另一人左手撑着石桌，右手正用勺子舀酒喝，面色坨红，应该已经喝了不少；红色的食盒旁靠着一名已经睡着了的仆人。这些细节都充分说明李白等人的宴饮已经持续到了深夜。衣着精美的侍女，地上追逐的犬只，石桌上蹲坐的猫咪，给画面增添了浓厚的贵族生活气息。这幅画作中共有四种灯：落地灯、桌灯、行路灯、纱灯。除了树上挂着的纱灯，落地灯和桌灯的都是红色的灯座和白色的灯罩，我们可以推测这种灯罩和灯座是可以拆分组合的部件，因为树上挂着的两盏灯笼以及右下角童仆的行路灯，灯罩的形态都高度相似。

　　旅顺博物馆藏清代吕焕成的《春夜宴桃李园图》为绢本设色，具有典型的吴门画派风格（图4–13）。画面中人物构成三组场景，中段右侧是画面的主体，一群人围坐在石桌周围，呈现出不同的动态，上首一名大腹便便的男子斜靠在座椅上，右手持卷，左边衣袖卷到了臂膊上，身旁一名男子伸手指点，神情专注地看着书卷，二人似乎正在讨论，他们身后还有一名红衣男子手持酒盏，视线也朝向书卷，手持金莲烛台照明的仆人看着书卷，似乎也在认真聆听他们的谈话。一名男子趴靠在椅子上，左腿抬起靠在椅子上，捋着胡须微笑地看着正在斟酒的男子和仆从，被树木部分遮挡的男子似乎正在持杯而饮。不远处的石台上放着一卷铺开的纸和一方砚台，砚台里有磨好的墨汁，一名男子正手持毛笔做思考状，他对面的男子跪坐在铺开的芭蕉叶上，视线紧紧落在空白的卷面上。画面最下端右侧，一名绿衣仆人侧身站在桥上，双手提着灯笼为红衣男子引路，而红衣男子的身后紧跟着的仆人，双手捧着一件深色的衣服，暗示红衣男子匆匆赶来参加这场夜宴。这幅画面中共出现了三种类型：落地灯、桌灯和行路灯。三盏高杆的落地灯分布在大石桌周围，表明这是聚会的中心。画中的两盏烛台形态有区别，仆人手持的是金莲底座，石台上的是烛盘的底座造型。落地灯和行路灯的灯笼应该是同一种构造。

图 4-13
《春夜宴桃李园图》 清 吕焕成
199 厘米 ×96 厘米 旅顺博物
馆藏

在众多《春夜宴桃李园图》中，"灯烛"成为说明夜晚这一时间特殊性的标志性器物，所有图像中都绘有燃烧的灯烛，如落地灯、桌面烛台、手持灯笼（烛台）、悬挂于树上的纱灯等，以此对应李白诗歌中"秉烛夜游"的主题（表4-1）。除灯烛外，桃树（花）是画面中另一标志性符号元素，它既说明了李白及兄弟朋友夜宴的场所特征，又点明了"春"的季节性特征，同时，更是呼应了骈文诗中"开琼筵以坐花"的描写。画中人物饮酒赋诗、高谈阔论，侍者烹茶斟酒，作品并没有形成统一的格式，但是都展现了古代文人雅集的典型物事，如诗书画卷、笔墨纸砚、博古炉、酒樽、茶器等。

表4-1　部分"春夜宴桃李园"图像中的灯烛

作品名称	作者	时间	灯烛数量和类型
春夜宴桃李园图	仇英	明	落地灯烛（有灯罩）2盏 桌面三枝灯1盏 手持灯笼1盏
春夜宴桃李园图	仇英		纱灯（挂树上）1盏 桌面烛台1盏
春夜宴桃李园图	崔子忠	明	落地灯烛1盏
春夜宴桃李园图	盛茂烨	明	落地灯（有灯罩）2盏
春夜宴桃李园图	黄慎	清	纱灯（悬挂树上）1盏
春夜宴桃李园图	吕焕成	清	落地灯烛（有灯罩）3盏 桌面烛台1盏 手持金莲烛台1盏 手持灯笼1盏
春夜宴桃李园图	冷枚	清	落地灯烛（有灯罩）1盏 桌面灯烛（有灯罩）2盏 树上悬挂灯笼2盏 树上悬挂纱灯1盏 手持灯笼1盏
缂丝春夜宴桃李园图		清	落地灯烛（有灯罩）1盏 桌面灯烛（有灯罩）2盏 树上悬挂灯笼2盏 树上悬挂纱灯1盏 手持灯笼1盏
粉彩瓶春夜宴桃李园图		清	落地灯烛1盏 桌面灯烛（有灯罩）2盏 树上悬挂灯笼3盏
瓷板春夜宴桃李园图		清	落地灯烛2盏 树上悬挂灯笼7盏

"春夜宴桃李园"中的李白与"金莲归院"的苏轼，都是中国古代士大夫的理想和偶像。李白性情洒脱，奔放豪迈，符合士人心中摆脱世俗羁绊的梦想。"诗仙""酒仙"的人格塑像，实际上是士人内心构想并接受的理想状态。"而浮生如梦，人生几何？古人秉烛夜游，良有以也！"是对自由生命的追求，而这种自由在《将进酒》中得到了更明确的表达：

君不见黄河之水天上来，奔流到海不复回！君不见高堂明镜悲白发，朝如青丝暮成雪！人生得意须尽欢，莫使金樽空对月。天生我材必有用，千金散尽还复来。烹羊宰牛且为乐，会须一饮三百杯。岑夫子，丹丘生，将进酒，杯莫停。与君歌一曲，请君为我侧耳听；钟鼓馔玉不足贵，但愿长醉不愿醒；古来圣贤皆寂寞，惟有饮者留其名。陈王昔日宴平乐，斗酒十千恣欢谑。主人何为言少钱，径须沽取对君酌。五花马，千金裘，呼儿将出换美酒，与尔同销万古愁。

"人生得意须尽欢，莫使金樽空对月！"时光短暂，生命脆弱，怀才不遇，却仍然保持着生命的达观和洒脱，李白身上既有儒家的济世色彩、道家的生命哲学，更具有一种令人向往的侠义精神！"李白"和"杜甫"实际上形成了中国文化中的两种不同的"符号"和"精神"。因此，"春夜宴桃李园"成为一种表现士人乐观、放达的隐喻。

第二节　奢靡：贵族夜宴

五代十国周文矩（传）的《夜宴图》以左文右图的方式，表现了韩熙载夜宴这一著名的历史典故（图4-14）。题跋记录"右夜宴图乃顾宏中之所作而写韩熙载之豪侠吁宏中名笔熙载名士可谓联璧矣而况得参政张君之题志益增其声价焉。款识：大德乙巳九月廿日吴兴与赵彦升书。"盛开的桃李树下，四名男子分坐于四方，一盏燃烧的红色落地灯盏，呼应了夜宴的时间主题。相比较之下，面向画面而坐的男子体型较大，根据中国人物画中通过身形大小来表现人物地位和重要程度的方法，这名男子应该就是夜宴的主人韩熙载。四人形态各异，似乎在交谈中，桌上放着酒杯和糕点。左侧一名侍女双手端着的托盘里有个小酒壶，另一名男仆正双手持壶往小酒壶斟酒。在画面底端右侧的角落，有一名手持红色纱灯的仆人似乎正匆匆赶来，这组画面很容易让人们联想到仆人是在引路，画外之人刚刚赶到宴

图 4-14
《夜宴图》 五代十国 周文矩

会的地点。

题记中所提到的顾闳中，是南唐著名画家，据《宣和画谱》记载，后主李煜欲重用韩熙载，"颇闻其荒纵，然欲见樽俎灯烛间觥筹交错之态度不可得，乃命闳中夜至其第，窃窥之，目识心记，图绘以上之。"顾闳中（传）受命而作的《韩熙载夜宴图》，现藏故宫博物院，绢本设色，以连环画的手法再现了南唐大臣韩熙载夜宴宾客的历史典故，画家用五段场景分别描绘了夜宴欢歌笑语、丝竹弹唱的不同场景（图 4-15）。据故宫博物院单国强对此画人物考据后分析如下：

首段"听乐"，韩熙载与状元郎粲坐在床榻上，正倾听教坊副使李家明之妹弹琵琶，旁坐其兄，在场听乐宾客还有紫微朱铣、太常博士陈致雍、门生舒雅、家伎王屋山等；二段"观舞"，众人正在观看王屋山跳"六幺舞"，韩熙载亲擂"羯鼓"助兴，好友德明和尚不期而遇此景，尴尬地拱手背立；三段"暂歇"，韩熙载与家伎们坐在床上休息，韩熙载正在净手；四段"清吹"，韩熙载解衣盘坐在椅上，欣赏着五个歌女合奏；五段"散宴"，韩熙载手持鼓槌送别，尚有客人在与女伎调笑。

画中韩熙载的形象和文献记载中比较吻合，应基本还原了现场情景。但是顾闳中却重点描绘了韩熙载和宾客、家伎们宴乐的场景，省略了室内的各种陈设细节。虽然是夜宴，但整幅长卷中，只有第三段"暂歇"，桌几旁有一盏烛火高燃的落地烛台。这盏高燃的烛灯，也仅仅是为了呼应夜宴

主题的象征性符号，而非强调实际的照明功能。明代唐寅所绘《韩熙载夜宴图》描绘了韩熙载擂鼓助兴、王屋山表演六幺舞的场景，画中一支高燃的蜡炬，与顾闳中画中的蜡炬形态接近（图 4-16）。唐寅绘画中的家具都具有典型的明代家具风格，其中落地烛台的造型简洁，制作精美。对比《春夜宴桃李园图》的几幅代表作，每幅场景都有三种以上的灯具，而《韩熙载夜宴图》只有一支燃烧的烛台，显然，蜡烛是"夜宴"时间属性的暗示，而不是场景的真实再现。

　　灯烛是表现古代贵族奢侈生活的重要方面。传说魏文帝为了迎接民间美人薛灵芸进宫，在数十里的道路两侧都布满了点燃的膏烛。晋朝首富石崇为了和王夫君斗奢，在家里用蜡烛煮饭。唐宋时期更是流行夜宴玩烛，还产生了灯婢、烛奴、烛围等专用词语。《开元天宝遗事》载："申王务奢侈，每夜宫中诸贵戚聚宴，以龙檀木雕成烛跋，童子衣以绿衣袍，系之束带，使执画烛，列立于宴席之侧，曰为'灯奴'。"唐冯贽《云仙杂记》载："韦陟家宴，使婢执烛，四面行立，呼为'烛围'。"据说宋代名臣寇准十分讨厌油灯的烟气，家里只用蜡烛，不止日常生活如此，就连举行宴会，厨房、厕所等地也都用蜡烛照明。《宋史·寇准传》载："每宴宾客，多阖扉脱骖，家未尝爇油灯，虽庖厨所在，必燃巨烛。"同样是宋代的蒲孟宗，每天的饮食要用掉十只羊、十头猪，同时在郡舍点三百蜡烛，旁人劝他减少用量，他很生气地责问："难道要让我坐在黑暗中忍饥挨饿吗？"可见，古代贵族夜宴的真实场景，应当是极其奢华、满室明亮的。《韩熙载夜

图 4-15
《韩熙载夜宴图》 五代十国 顾闳中 28.7 厘米 ×342.7 厘米 故宫博物院藏

宴图》中仅绘一支烛台主要是为了表现夜宴的意象而不是再现还原真实的
照明场景。因为中国传统绘画没有表现空间透视、明暗阴影的技法，各种
夜归、夜游、夜宴、夜谈的图像中，都善用灯烛或月亮来表现夜间的时间
属性。

　　马远的《华灯侍宴图》（图 4-17）表达了一场贵族的华灯盛筵，该画描
绘了帝王为恩赐杨次山父子而举办的皇家夜宴，画上有御题诗："朝回中使
传宣命，父子同班侍宴荣。酒捧倪觞祈景福，乐闻汉殿动欢声。宝瓶梅蕊
千枝绽，玉栅华灯万盏明。"❶永陵郡王杨次山是南宋重臣，也是杨皇后入宫
及稳定后宫地位的重要支持者。据史载，杨皇后出身低微，声色才情俱备，
擅画，代表作为工笔重彩《百花图卷》，画中共描绘有十七种花卉，每一幅
都包含了吉祥如意的祝福含义。其中有托名明代康穆王朱芝垝的题签："右
《百花图》一卷，乃杨婕妤画也。婕妤盖宋光宁时人，说者与马远同时，后
以色艺选入宫。"周密《齐东野语》中也有关于杨皇后的记载，"慈明杨太
后养母张夫人善声伎。随夫出蜀，至仪真长芦寺前僦居……或导之入慈福
宫，为乐部头。后方十岁，以为则剧孩儿。"出身寒微的杨皇后，背后的靠
山就是杨次山，《宋史》载："次山官至少保，封永阳郡王。次山二子：谷
封新安郡王，石永宁郡王。自有传……宗族凤孙等，皆任通显云。"杨皇后
非常照顾杨次山及其族人，高官厚禄，赏赐不断。杨次山父子依靠杨皇后，

---

❶ 御题诗全文为"朝回中使传宣命，父子同班侍宴荣。酒捧倪觞祈景福，乐闻汉殿动欢声。宝瓶
梅蕊千枝绽，玉栅华灯万盏明。人道催诗须待雨，片云阁雨果诗成。"徐邦达认为此诗出自宋宁
宗之手，而江兆申怎么此诗是杨皇后代笔。

图 4-16
《韩熙载夜宴图》 明 唐寅

图 4-17
《华灯侍宴图》 南宋 马远

在朝廷中的地位也更加稳固。

马远作为南宋的宫廷画家，以绘画的形式记录了杨次山父子参加的这次皇家夜宴。庭院里是一大片梅林，有数名宫女正执灯翩翩而舞。乾隆题词该画"盖当时做此图，以侈一时盛事。"此画意在借宫廷侍宴，彰显帝王荣宠，提高杨氏家族的政治身份。"玉栅华灯万盏明"更是突显了夜宴的奢侈。"玉栅华灯"是宋代非常流行的一种夜间照明形态，《梦粱录》中记载的元宵节就是"悬挂玉栅，异巧华灯，珠帘低下，笙歌并作。"

如果说书灯、雅集是士人夜宴的象征，那么华灯、笙歌就是贵族夜宴的重要标志。周密在《云烟过眼录》中记载了他曾亲见唐人所画《明皇宴游图》，明代高启的题画诗《明皇秉烛夜游图》更是生动地描绘了夜宴的奢华场景：

华萼楼头日初堕，紫衣催上宫门锁。大家今夕燕园西，高爇银盘百枝火。海棠欲睡不得成，红妆照见殊分明。满庭紫焰作春雾，不知有月空中行。新谱《霓裳》试初按，内使频呼烧烛换。知更宫女报铜签，歌舞休催夜方半。共言醉饮终此宵，明旦且免群臣朝。只忧风露渐欲冷，妃子衣薄愁成娇。琵琶羯鼓相追续，白日君心欢不足。此时何暇化光明，去照逃亡小家屋。姑苏台上长夜歌，江都宫里飞萤多。一般行乐未知极，烽火忽至将如何？可怜蜀道归来客，南内凄凉头尽白。孤灯不照返魂人，梧桐夜雨秋萧瑟。

"高爇银盘百枝火"形象地描绘了宫廷夜宴时灯烛林立的画面，可以联想到夜宴现场一定是灯火通明，恍如白昼，因此才会"红妆照见殊分明"。歌舞持续的时间长，以致"内使频呼烧烛换"，照明的蜡烛要不断补充更换。清代画家丁观鹏的《摹宋人明皇夜宴图轴》描绘了明皇宫廷夜宴的画意（图4-18）。楼阁的屋檐下悬挂着红色的灯笼，道路两侧排列着点燃的金莲烛。道路中间，宫女正手持宫灯在前面引路，随从们簇拥着唐明皇和贵妃等人骑在马背上，符合了高启所写的"大家今夕燕园西，高爇银盘百枝火"。画幅上端诗塘书写有："沉香亭畔端正楼。昼短夜长为夜游。三郎马上真风流。红烛烧花不许睡。彩翠莹煌照天地，一曲霓裳妃子醉。歌传白浊辞元清。后来复有青邱生。展图欲咏迟予情。"其中"红烛烧花不许睡""彩翠莹煌照天地"与高启的"海棠欲睡不得成""红妆照见殊分明"诗意相通，突出了"昼短苦夜长，何不秉烛游"的夜宴氛围。明皇夜游的画意在日本江户时期狩野山雪的《长恨歌》中也有所表现，此图为二十多米长的巨幅画卷，分为上下两卷，上卷中表现唐明皇与杨贵妃饮酒赏花的场景，宫廷内蜡烛高燃，四支烛炬与庭前盛开的海棠相互映衬，正是"海棠欲睡不得成，红妆照间殊分明"的生动写照（图4-19）。与欢歌笑语的夜宴相对，下卷中唐明皇夜晚独坐室内，红烛成为夜间的一盏"孤灯"，此时杨贵妃已命丧马嵬坡，反衬出帝王的寂寥和对爱人的思念之情（图4-20）。红烛高燃和笙歌燕舞，是古代贵族特权生活的重要写照。清代画家陈枚的《月曼清游图册》以宫廷嫔妃的生活为表现题材，其中的《寒夜探梅》和《琼台玩月》非常明显地描绘了嫔妃们夜间活动，《寒夜探梅》中提着宫灯的侍女引导一群衣饰华美的嫔妃观赏园中盛开的梅花，梅树上

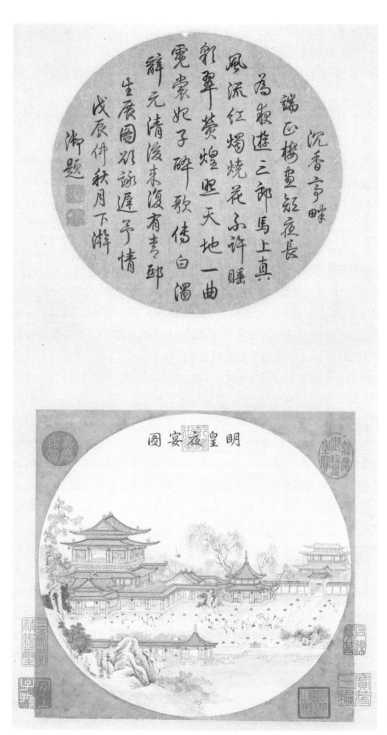

沈香亭畔
端正楼空赵夜长
为敌遊三郎马上真
风流红烛烧花不许睡
郭翠黄煌煌天地一曲
霓裳妃子醉歌传白溜
辞元清後未复有专邱
生辰圆邓泳迟予情
戊辰仲秋月下澣
御题

图 4-18
《摹宋人明皇夜宴图轴》 清
丁观鹏

图 4-19
《长恨歌》上卷（局部）中明皇与贵妃宴乐

图 4-20
《长恨歌》下卷（局部）中明皇思贵妃

悬挂着一盏与侍女手提宫灯形制色彩都一样的宫灯（图 4-21）。此画人物造型生动、线条工细流畅、色彩鲜活亮丽，再现了富贵闲逸的宫苑生活。

贵族夜宴的真实照明场景，在清代孙温所绘的《红楼梦》插图中可以窥得一二。孙温，字润斋，号浭阳居士，绘制全本《红楼梦》，耗时 36 年（孙温在题跋中所说），共计 230 幅，该插图结合《红楼梦》小说章节，情节详尽，笔法精细，构图精美。孙温采用了中国传统界画的描摹风格，工

图 4-21
《月曼清游图册·寒夜探梅》　清　陈枚

笔严谨、造型准确，所绘制的亭台楼阁、舟车轿舆、室内陈设和博古杂项
都极为精细，尤其是对婚丧嫁娶、祭祖拜神、元宵夜宴、中秋赏月等各种
生活习俗的描绘，为研究清代的政治礼典和民间习俗提供了重要的图像参
考。在《红楼梦》全本中，有多处表现夜间活动的场景绘画，涉及了发生
在贾府中的重要家族活动，如祭祖、省亲、节俗、贺升、贺寿等。这几组
图像中，灯烛就不再是象征性的符号，而是实实在在遵从界画的创作原则，
合理精细地被布置和刻画。在《荣国府元宵开夜宴》中，屋顶悬挂着精美
的流苏宫灯，靠墙壁均匀排列着落地灯，左侧露出的桌角上还有一盏桌面
灯（图4-22）。从这些灯具的布置来看，几乎是每张桌子都有灯烛，这才符
合现实中夜宴的需求，即保证室内充足的照明条件。在《红楼梦》原著中

图 4-22
《孙温绘红楼梦 · 荣国府元宵开夜宴》 清　孙温

是这样描述元宵夜宴：

　　至十五这一晚上，贾母便在大花厅上命摆几席酒，定一班小戏，满挂各色花灯，带领荣宁二府各子侄孙男孙媳等家宴。

　　两边大梁上挂着一对联三聚五玻璃芙蓉彩穗灯。每一席前竖一柄漆干倒垂荷叶灯，叶上有烛信插着彩烛。这荷叶乃是整珐琅的活信，可以扭转，如今皆将荷叶扭转向外，将灯影逼住全向外照，看戏分外真切。窗槅门户，一齐摘下，全挂彩穗各种宫灯。廊檐内外及两边游廊罩棚，将羊角、玻璃、戳纱、料丝、或绣或画、或堆成抠、或绢或纸诸灯挂满。

　　孙温几近真实地还原了贾府大花厅满挂花灯的场景，但是灯的形态却相对简单，文中重点描写了每席前都有一盏荷叶反光灯，在图画中也以彩穗宫灯予以替代。除了元宵夜宴的灯火辉煌，在另外几处重要的情节中也描绘了布满灯烛的场景，即贵妃筵宴题大观园、贾政奉旨贵妃省亲、贾母合族迎贵妃、宁国府除夕祭宗、升任郎中合家庆贺，其中贾政奉旨贵妃省亲、贾母合族迎贵妃以及贵妃筵宴题大观园，都是围绕贵妃省亲的这一重大事件产生。对于贾府来说，这既是家事，更是国事，元春回贾府，突出强调帝王的荣宠而不是贵族亲属间的亲情。在孙温的《贾政奉旨贵妃省亲》中，贾政带领众人跪迎于庭前，宫廷内侍分立道路两侧，两列骑马的内侍正缓缓前来，这组图中并没有出现元春的身影（图 4-23）。元春的銮驾出现在《贾母合族迎贵妃》的场景中，这幅图着重描绘了贵妃的仪仗

（图 4-24）。队伍前面由 12 人组成的乐队正在演奏，元春坐在八抬轿内，舆轿前周左右四角各有一名太监手举长杆，杆头立着一只嘴衔串珠的凤

图 4-23
《孙温绘红楼梦·贾政奉旨贵妃省亲》 清 孙温

图 4-24
《孙温绘红楼梦·贾母合族迎接贵妃》 清 孙温

鸟装饰，这种凤鸟同时也装饰在轿顶四周，"一队队过完，后面方是八个太监抬着一顶金顶金黄绣凤銮舆，缓缓行来。"画面右侧，贾母携众女眷跪迎，仪仗最前面的侍从正弯腰扶起贾母。贾政和众男丁、贾母和众女眷，都是身着正式的品级服饰，以朝臣（命妇）的身份跪迎元春，正呼应了原著中的描写，"至十五日五鼓，自贾母等有爵者，皆按品服大妆。""贾赦领合族子侄在西街门外，贾母领合族女眷在大门外迎接。"上述两幅图中，道路两侧都布满了路灯，前者在门廊下还挂着两盏精美的角灯。在《贵妃筵宴题大观园》一图中，室内也是运用了各种照明的手段，屋梁上悬挂着宫灯，桌面上有书灯，在画面左侧的走廊还放有两盏落地灯。

小说中浓墨重彩地描写了这次彩灯盛景，大观园内的建筑、回廊、园林各处，都布置了各色精致彩灯，一进大门，"只见院内各色花灯烂灼，皆系纱绫扎成，精致非常。"进园后，"只见园中香烟缭绕，花彩缤纷，处处灯光相映"，连贵妃本人都觉得"奢华过度"。其中大观园内清流两侧的花灯烟火尤其精彩：

只见清流一带，势如游龙，两边石栏上，皆系水晶玻璃各色风灯，点的如银花雪浪；上面柳杏诸树虽无花叶，然皆用通草绸绫纸绢依势作成，粘于枝上的，每一株悬灯数盏；更兼池中荷荇凫鹭之属，亦皆系螺蚌羽毛之类作就的。诸灯上下争辉，真系玻璃世界，珠宝乾坤。船上亦系各种精致盆景诸灯，珠帘绣幕（幌），桂楫兰桡，自不必说。已而入一石港，港上一面匾灯，明显着"蓼汀花溆"四字。❶

此时贾氏一族正是清朝典型的权贵阶层，这段大观园的元宵灯火景观，可以说是清朝权贵庆度元宵的代表。自唐宋以来，用绫绸纸绢、螺蚌羽毛等制作彩灯，几乎是各朝贵族制灯的特点，其中"水晶玻璃各色风灯""玻璃世界，珠宝乾坤"才是真正彰显贾府权力和财富的真正灯品。清道光—咸丰年间《桐桥倚棹录》记载了玻璃灯的制作，"以碎玻璃如米屑，淘洗极净，入炉重熔，一气呵成。灯盘、灯架以铜锡为主，反面以五彩黝（釉）描凤穿牡丹之类。"在《宝国府除夕祭宗》的场景中，屋梁上悬挂着一排高燃的灯笼，主要用于满足照明的需要，祭坛上摆满了贡品，左右各有一盏烛台，放置祭祀用的白蜡烛（图4-25）。综合比较这几张图，除了祭桌上是用的白蜡烛，其余场景中都是用的红色蜡烛；灯的主要构造相同，都是采

---

❶ 曹雪芹. 红楼梦 [M]. 北京：人民文学出版社,2008：239.

图 4-25
《孙温绘红楼梦·宝国府除夕祭宗》 清 孙温

用圆形的灯罩，灯罩顶部中央有黄色的配饰，底部装饰红色流苏。在《红楼梦》原著中，多处提到大观园内使用玻璃灯（琉璃灯），因此，这很有可能就是当时权贵家庭流行的灯具。

第三节 狂欢：男妇嬉游

唐代刘肃在《大唐新语》中载："神龙之际，京城正月望日盛饰灯影之会，金吾弛禁，特许夜行。贵游戚属及下隶工贾，无不夜游，车马骈阗，人不得顾。王主之家，马上作乐，以相竞夸。"神龙是武则天和唐中宗的年号，正月十五这天取消宵禁，允许夜行，因此从贵戚到庶民工贾都出门夜游，车马拥挤，热闹非凡。可见，唐朝中期，元宵节全民夜游狂欢的风俗就已形成。《大唐新语》还同时提到文人士大夫曾作命题诗记录此次节日，"文士皆赋诗一章，以纪其事。作者数百人，惟中书郎苏味道、吏部员外郎郭利贞、殿中侍御史崔液三人为绝唱。"苏味道、郭利贞、崔液三人的同名诗歌流传后世，成为歌咏元宵节的代表作。

苏味道，唐代著名政治家和文学家，举进士，武则天时期官至相位，唐中宗时被贬为眉州长史，在调任益州长史的途中去世。《正月十五日夜》（又作《上元》）："火树银花合，星桥铁锁开。暗尘随马去，明月逐人来。游伎皆秾李，行歌尽落梅。金吾不禁夜，玉漏莫相催。"从花灯、游人、伎乐、时间四个维度描写了洛阳元宵盛景。"火树银花合，星桥铁锁开"写尽了元宵节街上花灯盛况；"暗尘随马去，明月逐人来"，形容街上熙熙攘攘的游客不断；"游伎皆秾李，行歌尽落梅"，游伎们盛装打扮，踏歌声震落了树上的梅花；"金吾不禁夜，玉漏莫相催"，政府解除了宵禁，大家不用受时间约束，可以尽情地彻夜游玩。郭利贞，生卒年、籍贯不详，按《大唐新语》所记，官至吏部员外郎，作诗《上元》："九陌连灯影，千门度月华。倾城出宝骑，匝路转香车。烂熳惟愁晓，周游不回家。更逢清管发，处处落梅花。"崔液，生年不详，卒年约唐玄宗先天二年（713），举进士第一，历任监察御史、殿中侍御史等职，作《上元夜》主题诗六首，第一首写上元节放夜，千家万户都离开家到街上观灯，"玉楼银壶且莫催，铁关金锁彻明开。谁家见月能闲坐？何处闻灯不看来？"第五首写朋友相邀，聚众娱乐，"公子王孙意气骄，不论相识也相邀。最怜长袖风前弱，更赏新弦暗里调。"

　　相比之下，南宋辛弃疾的《青玉案·元夕》虽然是以元宵节的热闹来反衬灯火阑珊的冷落，但是却以寥寥数语，形象地描绘了满城的灯火、满街的游人和通宵的歌舞，"东风夜放花千树。更吹落，星如雨。宝马雕车香满路。凤箫声动，玉壶光转，一夜鱼龙舞。蛾儿雪柳黄金缕，笑语盈盈暗香去。众里寻他千百度，蓦然回首，那人却在，灯火阑珊处。"欧阳修回忆早年汴京的元宵节，写下了"拽香摇翠，称执手行歌，锦街天陌，月淡寒轻，渐向晓、漏声寂寂。当年少，狂心未已，不醉怎归得？"人们盛装出行，拽香摇翠、执手行歌，一直游玩到天亮，最后一句"当年少，狂心未已，不醉怎归得？"用反问的语气，回忆了青春年少时纵酒行歌的意气风发，也说明宋代元宵节"彻夜狂欢"的娱乐特性。范成大在《元夕》中也说："新年第一佳节时，谁肯如翁闭户眠。"

　　从这几首诗词中可以看到，唐宋时期的元宵节已经形成了大张灯火、全民夜游狂欢娱乐的特点，在节日期间，不论性别还是身份，大家都从家里来到街上游玩。实际上，在南北朝时期，已经有正月十五街上通宵游玩的习俗，据《北史》记载："每以正月望夜，充街塞陌，聚戏朋游。鸣鼓聒天，燎炬照地，人戴兽面，男为女服，倡优杂技，诡状异形，外内共观，曾不相避。竭赀破产，竞此一时。尽时事并努，无问贵贱，男女混杂，缁素不分。"也就是说，在唐宋元宵节灯市形成之前，至迟到在北朝时期，正月十五这天夜晚，民间已经有通宵达旦、聚众狂欢的习俗。隋文帝时期，柳彧上书建议禁止元宵节张灯，他认为人戴兽面、无问贵贱、男女混杂违背了伦理秩序和道德，而各种"高棚跨路，广幕陵云，炫服靓妆，车马填噎，看醑肆阵，丝竹繁会"，会耗费大量的财力物力，并造成攀比浪费的风气，因此元宵节张灯、娱乐百戏、夜游狂欢等都应当下令禁绝。

隋文帝厉行节俭治国，因此禁止了元宵节期间的大张灯火和聚众娱乐。隋炀帝却与之相反，元宵节期间斥巨资举办各种娱乐活动，《资治通鉴》记载，隋大业六年正月，为了款待来洛阳进贺的诸番酋长，隋炀帝在端门街一带盛陈百戏，"戏场周围五千步，执丝竹者万八千人，声闻数十里，自昏达旦，灯火光烛天地；终月而罢，所费巨万。自是岁以为常。"许善心和薛道衡曾作诗记录这一盛况，许善心的《戏场》转韵诗已不存，薛道衡在《和许给事善心戏场转韵》中写道："万户皆集会，百戏尽前来……竟夕鱼负灯，彻夜龙衔烛……宵深戏未阑，竞为人所欢……王孙犹劳戏，公子未归来……"可见当时通宵都有各种娱乐活动。很多学者认为，从此时开始，元宵节燃灯礼佛的宗教色彩开始削弱，逐渐演变成夜晚娱乐为主的节日。

《雍洛灵异小录》载："唐朝正月十五夜……灯明如昼，山棚高百余尺，神龙以后，复加俨饰，士女无不夜游，车马塞路。"公元713年，安福门外设置了一座巨型灯轮，高达二十丈，上面悬挂了五万盏花灯，安排了数千宫女在灯轮下轻歌曼舞，同时还从长安万年县中挑选出千余少女、妇人，于十五、十六、十七日在灯轮下踏歌表演。苏味道、崔液等人的诗词都描写了街上游人拥塞、竞相看灯的热闹景象。"他乡月夜人，相伴看灯轮。""月下多游骑，灯前绕看人。"敦煌莫高窟第220窟北壁《东方药师净土变》中，中间耸立着一座高大的灯楼，两旁分立舞伎，两侧还分别设置了两座灯树，均有伎乐伴奏乐队。这幅净土变的歌舞应该是根据初唐时期帝都的灯会再结合佛教绘画的需求绘制而成。冈田玉山等编绘的《唐土名胜图会·灯市》中在街上嬉游的人群摩肩接踵（图4-26）。所以，元宵节夜游名为看灯，实际上已不知道到底是看灯还是看人了。宋吕本中的《轩渠录》中记载了一则司马光和其夫人的典故，据说司马光在洛阳闲居时，适逢上元节，其夫人准备出门看灯，司马光就问："家中点灯，何必出看？"夫人回答说："兼欲看游人。"

宋代是元宵节张灯的高峰时期，以灯为载体，推动了通宵达旦、聚众狂欢成为更稳定的风俗习惯。宋初承袭唐代旧制，上元节为正月十四、

图 4-26
《唐土名胜图会·灯市》 冈田玉山等编绘 1805 年

十五、十六三天，后来增加十七、十八，变成五天。各地大张灯火，尤以
帝都最是繁华。"大内正门结彩为山楼，影灯起露台，教坊陈百戏。"《东
京梦华录》如此描述元宵节的宣德楼前："奇术异能，歌舞百戏，鳞鳞相
切，乐声嘈杂十余里，击丸蹴鞠，踏索上竿……更有猴呈百戏，鱼跳刀门，
使唤蜂蝶，追呼蝼蚁。其余卖药、卖卦、沙书、地谜，奇巧百端，日新耳
目。"东华门的左右掖门和东西角楼城门、大道、大宫观寿院等，"悉起山
棚，张乐陈灯，皇城雉堞，亦遍设之。其夕，开旧城门达旦，纵士民观。"

　　明清时期的小说中有关元宵节的描写非常多，以四大名著为代表，《水
浒传》中分别描写了小镇、省府和盛京的元宵节，小镇清风寨元宵节"玉
漏铜壶且莫催，星桥火树彻明开。鳌山高耸青云上，何处游人不看来。"
《西游记》金平府元宵节是"绮罗队里，人人喜听笙歌，车马轰轰；看不尽
花容玉貌，风流豪侠，佳景无穷。"明代《宛署杂记》记载了明代灯市的热
闹场景，"每年正月十五日至十六日止，结灯者，各持所有，货于东安门外
迤北大街，名曰灯市。价有至千金者，是日四方同贾辐辏，技艺华陈，珠
石奇巧，罗绮华具，一切夷夏古今异物毕至。冠盖相属，男妇交错，市楼
赁价腾涌。十四日夜试灯，十五日正灯，十六日罢灯。"《帝京岁时纪胜》
中"上元"条载："十四至十六日，朝服三天，庆贺上元佳节。是以冠盖翩
跹，绣衣络绎。"这三天人们都到街上去玩耍，如果仅是观看彩灯，怎么可

能吸引大家三天、五天甚至更长时间的通宵达旦游玩呢，因此，自然有了丰富多彩的娱乐活动，如百戏、装演、秧歌、浇灯等各种活动。

至百戏之雅驯者，莫如南十番。其余装演大头和尚，扮稻秧歌，九曲黄花灯，打十不闲，盘杠子，跑竹马，击太平神鼓，车中弦管，木架诙谐，细米结做鳌山，烟炮攒成殿阁，冰水浇灯，簇火烧判者，又不可胜计也。然五夜笙歌，六街骄马，香车锦辔，争看士女游春，玉佩金貂，不禁王孙换酒。和风缓步，明月当头，真可谓帝京景物也。

可见，看灯只是元宵节夜晚活动的目的之一，更重要的是"聚众"和"狂欢"。一年之中除了元宵节"放夜"，其余时间是宵禁，人们必须遵守"日出而作，日落而息"的秩序规范，尤其是在夜晚更要约束行为，禁止夜行。到了元宵节这几天，全国都解除宵禁，不再受到日常生活的秩序约束，男女之别、昼夜之别、贵庶之别等这些平日里看似难以逾越的鸿沟，在元宵节期间统统都被打破，人们的情绪因为通宵达旦的娱乐狂欢得到了释放。"元宵的锣鼓、元宵的灯火、元宵的游人编织着元夕的良辰美景，构成了中国传统节俗的独特景观。"❶

---

❶ 萧放. 岁时——传统中国民众的时间生活 [M]. 北京：中华书局，2004：124.

第五章

不夜天：灯火里的聚众寻乐

第一节 元宵节张灯习俗起源

"一年明月打头圆，月亮出来是夜间。"古代称夜为"宵"，新岁第一个月圆之夜即为元宵，因为是关于"宵"（夜间）的活动，"灯"就成为主要的节物，"三十看火，十五看灯"。关于元宵节观灯风俗的起源，却没有形成统一的说法，目前主要流行的有三种观点：其一，与汉代祭祀太乙神有关；其二，与道教祭祀三元有关；其三，与东汉末年燃灯礼佛有关。近年来，有学者提出，元宵节的起源受到了古代农业祭祀仪式的影响。萧放在《岁时——传统中国民众的时间生活》一书中，认为元宵节的张灯习俗源于上古以火驱疫的巫术活动，后世民间于正月十五用火把照田、持火把上山等就是这种古老习俗的遗存。随着佛教燃灯祭祀的风习流播中国，元宵节燃火夜游的古俗，逐渐演变为元宵节张灯的习俗。实际上，任何一种节日，都不可能单纯基于某一种条件下产生，而是各种因素不断影响、渗透，在社会生活中逐渐形成风俗，并在特定的时间举办各种约定俗成的活动。

民间有许多版本关于元宵节的神话传说。第一种传说，古代有一名猎人射伤了一只天鹅，这只天鹅原本是天庭之物，玉皇大帝非常生气，决定要给天鹅报仇，准备派天兵天将在正月十五这一天把凡间的人畜全部烧死。一位仙人偷偷把这个消息告诉了老百姓，让他们在正月十五前后，家家户户都挂红灯，放烟火鞭炮，伪装成失火的样子，就这样骗过了玉皇大帝，避免了被烧死的灾难。第二种传说，汉武帝时期，有一名宫女想在元宵节回家侍奉双亲，没有得到允准，宫女伤心之余，准备投井自尽。东方朔为了帮助宫女，就散布火神君奉命正月十六火烧长安的消息，如果正月十五供奉火神君喜欢吃的汤圆，挂上红灯，就可以消除灾祸，他还提议让汉武帝带着后宫嫔妃和文武百官到街上去观看灯火，以避过这次劫难。汉武帝接受了东方朔的建议，正月十五宫中嫔妃皆出宫赏灯，这名宫女也借此机会回到家中探望双亲。

又据《史记·封禅书》记载，亳人谬忌曾奏请祭祀"太一"，汉代尊奉多神，其中太一（又作泰一、泰乙）神到底是什么神祇，学界尚未有统一说法。顾颉刚先生认为泰一神的产生与中国古代阴阳说有密切关系，"泰"为至高无上，一乃绝对无二，泰一为阴阳所出，是至尊至贵的最高神。汉代皇家尊奉太一神，到了汉武帝时期，更是逢要事必去祭祀，其中正月十五的祭祀最隆重。《史记·乐书》载："汉家常以正月上辛祠太一甘泉，以昏时夜祠，到明而终。常有流星经于祠坛上。使僮男僮女俱歌。"这段文字表明祭祀是在晚上举行，并且活动会持续一整夜，既然是晚上的活动，必定离不开灯火。此时祭祀太一神属于皇家仪式，并未形成民间习俗，因而元宵节燃灯与祭祀太一神之间应该没有直接的联系。在魏晋南北朝时元宵节燃灯仍与庙堂祭祀一样属于国家层面的仪式，并没有与民间活动直接产生关联。

东汉时期张道陵创五斗米道，奉行天、地、人（水）"三官说"，但此时并没有与三元相匹配，《荆楚岁时记》中"正月一日是三元之日"，魏晋时期确定三元为正月十五（上元）、七月十五（中元）、十月十五（下元），《陔余丛考》中记载"其以正月、七月、十月之望为三元日"，其中正月十五又是三官下降之日而最受重视。为奉祀三官，各地皆举行各种盛大的庆祝活动，又因为三官各有喜好——天官好乐，地官好人，水官好灯，所以人们在正月十五这天放灯纵乐。

关于元宵灯节的起源，有人认为与汉明帝在元宵节要求"燃灯表佛"有关，北宋《僧史略》中引《汉法本传》说："西域十二月三十日，是此方正月望，谓之大神变，白汉明帝令烧灯，表佛法大明也。"《事物纪原》的"岁时风俗部"一条中记载："西域十二月三十乃汉正月望日，彼地谓之大神变，故汉明令烧灯表佛。"这些文献记载相互引用，汉明帝燃灯表佛之事是否属实，目前虽无明确史料考据，但汉明帝刘庄对佛教在中国的传播起到了重要的推动作用。

其实，元宵节的形成，并不是基于某一种节日或宗教的影响，而是在漫长的社会发展中，在已有的民俗基础和后来的宗教活动相互渗透、相互影响，逐步成为一种约定俗成的民俗活动。其中，岁月祭祀、月令政事以及汉代宫廷祭祀太一神，严格来说，属于官方体系的祭祀活动，与民间活动并没有什么直接的关联。因此，在汉代以前，元宵节尚未制度化和习俗化，祭祀活动中的宴赏、踏歌、纵乐，也并没有形成自上而下的娱乐狂欢。同样，灯也并没有成为元宵节的标志性节物。

佛教中的大神变日是正月十五，正好与中国元宵节重合，在灯成为元宵节标志性节物的过程中，佛教的影响尤其明显。佛教刚传入中国时，其出离俗世、隔断尘缘的思想，与当时占据统治思想的儒家伦理相违背，在中国很难被百姓接受。为了实现在中国的传播和推广，佛教吸收中国道家、儒家和民间传统思想。它们相互渗透，逐渐完成了本土化的过程。将佛教中的节日与中国传统节日相结合，是佛教传播的重要手段之一，在这个过程中，逐渐形成了新的节日传统，如正月十五元宵节、七月十五中元节，都带有佛教、道教和民间原始祭祀的综合色彩，其中元宵节更是经历了从月令祭祀、宗教祭祀到娱乐狂欢的转变。

玄奘在《大唐西域记》中记载，印度的十二月三十日是如来大神变月满之日，这一天正好是中国首月望日，即正月十五。东汉末年，元宵节已经形成了相对稳定的民俗传统，人们在这一天祭紫姑、蚕神等。佛教把相应的宗教仪式植入元宵节祭祀中，比单纯地讲经说法，更容易得到百姓认可。因为元宵节是关于夜晚的节日，灯是其必不可少的节物，这正好又与佛教中的燃灯仪式具有相似性。在佛教中，智慧是"无明长夜灯炬"，能照破黑障愚痴，"烦恼暗故众生不见大智，如来以善方便燃智慧灯，令诸菩萨得见涅槃、常乐我净"。同时，灯象征日月，"尔时四部众，见日月灯佛。现大神通力，其心皆欢喜"。因此，灯常常与佛、菩萨的神迹联系在一起。传说燃灯佛（又译锭光佛）出生时，"一切身边如灯"；释迦牟尼涅槃时，八恒河沙的诸天女以七宝为灯树，以各种宝珠为灯明；释迦圆寂时，天女建灯树；释迦火化后，舍利子放于金座上，信徒绕城燃灯三十里。"一灯燃百千灯，冥者皆明。"《西域记》载正月十五印度民众要观佛舍利，放光雨花，圆仁《入唐求法巡礼行记》载："当寺佛殿前建灯楼；砌下、庭中及行廊侧皆燃油，其灯盏数不遑计知……无量义寺设匙灯、竹灯，计此千灯。其匙、竹之灯树构作之貌如塔也，结珞之样极是精妙。"

《旧唐书》中记载，西域僧人婆陀向朝廷建议元宵节燃灯，"初，有僧婆陀请夜开门燃灯百千炬，三日三夜。皇帝御延喜门观灯纵乐，凡三日夜。"敦煌寺院文书中，也有专门关于寺窟燃灯和举办灯节的记载，如正月十五专设燃灯僧，组成燃灯社募集社众捐助资金等。❶敦煌莫高窟壁画中有许多佛前燃灯的场景，第12窟（晚唐）北壁放生法会图中，佛前立灯轮；第100窟的药师经变图下部中央绘有3组灯轮；第146窟北壁绘有一座五层的灯轮，每层灯轮都摆满了油灯，灯轮前方两人手捧油盏，灯轮旁的两人则正在点燃灯盏；第159窟（中唐）西龛有一妇人正在点燃灯轮上的油灯，灯轮右前方有两名端着油盏的信徒；其中在第220窟的药师净土经变图中的灯轮十分具有代表性，《药师琉璃光七佛本愿功德经》记载："彼病

❶ 张同胜. 元宵节放灯的由来及其传统建构 [J]. 中原文化研究,2021(2)：101-108.

人亲属、知识，若能为彼皈依世尊药师琉璃光如来，请诸众僧，转读此经，然七层之灯，悬五色续命神幡，或有是处，彼识得还。"因此，在各种佛教绘画中，灯轮通常是识别药师经变的典型标志。第220窟中的药师经变图中，药师佛前有一组灯轮和一组灯阙，灯轮立于池中，共三层，一菩萨正往灯架上添灯，一菩萨蹲于地上点灯（图5-1）。灯轮可以根据需要设置多层，每层灯轮摆放一圈油灯。其中七层灯轮（四十九盏）最有代表性，在《药师经》中，祛病续命需要燃四十九盏灯，并且燃灯要大如车轮，"劝然七层之灯……灯亦复尔。七层之灯，一层七灯，灯如车轮"。第433窟人字坡东坡壁画中，菩萨两侧均有随侍，左右各有一组9层灯架。灯轮可以同时点燃数十盏灯，满足了"百炬千灯"的意象，在《维摩诘经·菩萨品》中说法灯"无尽""有法门名无尽灯，汝等当学，无尽灯者，譬如一灯燃百灯者，冥者皆明，明终不至。如是诸姊，夫一菩萨开导百千众生，令法阿多罗三藐三菩提心，于其道意不灭尽。随所说法，而自增益一切善法，是名无尽灯也"。唐代张万福在《传授三洞经戒法箓略说》中记载了数十种佛教燃灯：

　　复有金莲花树，银莲花树，七宝花树，五色花树，千株万株，列坛上下，及观院内，光明洞彻。复有五色花烛，金盘龙烛，银翔鸾烛，千叶莲烛，九色云烛，同心之灯，分华之灯，连珠之烛，贯花之灯，转轮神灯，飞台灵灯，紫焰兰灯，青光芝灯，霄华百枝灯，月照千叶灯，五星灯，七曜灯，二十八宿灯，三十六天灯，韬光灯，灭烟灯，照耀内外。

　　张同胜认为，中国农历正月十五元宵节放灯之所以成为中国的文化传统，是隋唐时期佛教、道教、摩尼教、袄教、春节庆典等合力作用的结果，经过了巫史、道教和佛教的世代认同感和建构，才逐渐形成元宵节放灯风

图 5-1
敦煌莫高窟第 220 窟药师经变图

俗史。除了大家熟知的佛教、道教和春节庆典影响，他尤其指出了崇尚光明的祆教和摩尼教在放灯习俗形成中的重要影响，提出"自唐开元以来，元夕放灯就是一个被发明的节日传统"❶。

第二节　太平盛世的政治表述

关于元宵节观灯的历史叙事中，离不开历代帝王的身影。传说汉文帝每到正月十五夜都要微服出宫，与民同乐。隋炀帝在元宵节期间带领百官登上端门南楼，观赏灯火和乐舞百戏。隋炀帝（传）还曾写了一首《正月十五日于通衢建南楼诗》："法轮天上转，梵声天上来。灯树千光明，花焰七枝开。月影凝流水，春风含夜梅。幡动黄金地，钟发琉璃台。"隋炀帝在位期间，追求奢侈行乐，每逢佳节大肆举办庆典，史书记载，从正月初一岁朝节直到正月三十，御街上都是灯火通明，歌舞百戏不断。《隋书·音乐志》载："每岁正月，万国来朝，留至十五日，于端门外、建国门内，绵亘八里，列为戏场。百官夹棚起路，从昏达旦，以纵观之。至晦（正月三十日）而罢。其歌舞者多为妇人服，鸣环佩，饰以花眊者，殆三万人。"

《旧唐书》中记载了中宗、睿宗、玄宗、文宗元宵节观灯的相关活动：

先天二年春正月上元夜，上皇御安福门观灯，出内人连袂踏歌，纵百僚观之，一夜方罢……皇帝御延喜门观灯纵乐凡三日夜……

先天二年（713）正月望，胡僧僧婆陀请夜开门燃灯百千灯，睿宗御延喜门观乐，凡经四日。

每初年望夜，又御勤政楼，观灯作乐，贵臣戚里，借看楼观望。

明刊本《帝鉴图说》中有一幅插图《观灯市里》，表现的就是景龙四年唐中宗和韦皇后便服出宫，在街市上观看元宵花灯（图5-2）。"四年正月望夜，帝与后微行市里，以观烧灯。景龙四年（710）春正月，丙寅上元月，帝与皇后微行观灯……丁卯夜，又微行看灯。"画中有一座巨大的鳌山灯楼，灯楼上挂满了大小形态各异的花灯。灯楼周围的屋檐下都悬挂着花灯，右侧房屋里，有一名女子似乎正在开门准备出来，屋内红色的案桌上有一

---

❶ 张同胜. 元宵节放灯的由来及其传统建构 [J]. 中原文化研究, 2021(2): 101-108.

图 5-2
《观灯市里》《帝鉴图说》 插图约 18 世纪

盏精美的彩灯。广场上已经聚集着许多男女老少，孩子们玩耍着花灯。其中一名穿着文士服的男子，他的身材明显高于画中的所有人，显然是微服出行的唐中宗，而他身侧的华服女子，自然就是韦皇后了。中宗左手指着鳌山灯楼，侧首看向韦皇后，而韦皇后正顺着中宗的手指看向灯楼上悬挂的彩灯。

《宋会要辑稿·帝京》中记载，北宋上元灯节始于宋太祖乾德三年（ 985 ），"正月上元节，御明德门楼观灯，召江南、两浙、泉州进奉使及孟昶降将悉预会"。王栐《燕翼诒谋录·卷三》也记载了这次颁发的诏令，"上元张灯旧止三夜，今朝廷无事，区宇乂安，方当年谷之丰登，宜纵士民之行乐。其令开封府更放十七、十八灯"。南宋孟元老的笔记体小说《东京梦华录》对于开封宣德楼一带灯景的描写，精细地勾画出元宵节"与民同乐"的历史场景。宣德门楼横大街"横列三门，各有彩结金书大牌，中曰'都门道'，左右曰'左右禁门之卫'，上有大牌，曰'宣和与民同乐'"。据《铁围山丛谈》载，从宋大观元年开始，彩山的中间设"与民同乐"的金字大榜，"大观元年，宋乔年尹开封，乃于彩山中间高揭大榜，金字书曰：'大观与民同乐万寿'，彩山自是为故事，随年号而揭之，盖自宋尹始。"《大宋宣和遗事》中记载鳌山灯"中间有一个牌，长三丈六尺，阔二丈十尺，金书八个大字，写道：'宣和彩山与民同乐'。"孟元老描写了宋徽宗率领百官到宣德楼看灯的盛大场景，从这一段描述中，可看到古代皇帝所谓"与民同乐"的浩大声势，对出行仪仗以及随行的文武官员、乐队、行走路线等，都有严格的要求。因此，与其说皇帝观灯是"同乐"，不如说是进行皇权表演的政治行为。

每常驾出有红纱贴金烛笼一对，元宵加以琉璃玉柱掌扇灯，快行家各执红纱珠络灯笼。驾将至，则围之数重。外有一人捧月样兀子锦，覆于马上，天武官十余人簇拥扶第，喝曰："看驾头"。次有吏部小使臣百余，皆公裳，执珠络球仗，乘马听唤。近侍余官皆服紫、绯、绿公服，三衙、太尉、知阁、御带罗列前导，两边皆内等子，选诸军赘力者，着锦袄、顶帽、握拳顾望，有高声者，捶之流血。教坊、钧容直乐部前引，驾后诸班直马队作乐，驾后围子外左则宰执、侍从。右则亲王、宗室南班官。

驾近，则列横门十余人击鞭。驾后有曲柄小红绣伞，亦殿侍执之于马上。驾入灯山，御辇院人员辇前喝"随竿媚来"。御辇团转一遭，倒行观灯山，谓之"鹁鸽旋"，又谓之"踏五花儿"。则辇官有喝赐矣，驾登宣德楼。

游人奔赴露台下。

辽代穆宗在应历十八年（968）元宵节时，"观灯于市，以银百两市酒，命群臣亦市酒，纵饮三夕"。据说朱元璋曾赦令将元宵节张灯时间由三天改为十天，并要求每家每户都张挂花灯，营造太平盛世的繁华景象。洪武五年元宵节，朱元璋还命人在秦淮河上燃放万盏水灯，并携众臣沿河游玩观赏。朱棣更是大力推崇元宵节，《皇明通纪》记载："永乐十年正月元宵，上赐百官宴，听臣民赴午门外观鳌山三日，自是岁以为常。"明成祖迁都北京后，每逢上元节赐百官节假十日，并在东华门开辟二里长的灯市，设专区悬灯。

记录成化年间宫廷元宵节的绘画《明宪宗元宵行乐图》为明代宫廷元宵节活动提供了图像参考（图5-3）。宫廷内悬挂着各种制作精美的宫灯，儿童提着彩灯在嬉戏玩耍，在鳌山灯周围，有货郎、杂耍艺人等。朱见深没有像朱元璋、朱棣一样走出宫廷"与民同乐"，但却把货郎、杂耍、社火等这些本是民间的摊贩和艺人搬进了宫廷，借此营造君民同乐的喜庆气氛。清院本《十二月令图·一月》（图5-4）和《雍正十二月行乐图轴·正月观灯》（图5-5）都记录了皇家园林圆明园中的元宵夜景，这两幅绘画高度相似，宫苑内张灯结彩，皇亲贵戚及家眷在园内观灯、赏烟火，游乐玩耍，在画卷上半段，描绘了民间街市的元宵节景象，相比之下，前者只是在远景处描绘有人物提灯点缀，后者则是人群熙攘，房屋悬挂彩灯，众人提着彩灯游玩，还可以看到舞龙舞狮的表演，正呼应了"一派欢声和鼓吹，六街灯火乐升平"的盛世愿景。

图5-3
《明宪宗元宵行乐图》

图 5-4
《十二月令图·一月》清 佚名 台北故宫博物院藏

图 5-5
《雍正十二月行乐图轴·正月观灯》清 佚名
故宫博物院藏

　　《高宗纯皇帝实录（乾隆）》记载了乾隆五十九年中的一次"盗版案件"，大臣毕沅在进呈的贡品中，有八座"恭录御制灯词灯"和两本灯词册页，这两本词页中居然收录了乾隆为了来年上元节所写灯词。经过调查发现，是被刘在田、方楷和私行抄写流传出宫。这则"盗版"案，其实从侧面反映了清朝时期人们对元宵节的态度。一方面，档案中既说这些非法印制的灯词获得了丰厚的利润，"获利颇丰"，那就说明它们的销量好，购买的人多，这也说明了它们受欢迎的程度；另一方面，这些灯词能作为贡品，也说明递呈的官员认定灯词册页具有珍贵的价值。

　　从隋唐开始，帝王都喜欢在元宵节携贵戚重臣随行观灯，据《宋会要辑稿·帝京》记载，自宋太祖乾德三年（985）起，"正月上元节，御明德门楼观灯，召江南、两浙、泉州进奉使及孟昶降将悉预会。"正如前文所说，这些皇帝在带领着百官观灯时，还喜欢让他们通过诗文或绘画的方式对事件活动进行记录。苏味道、崔液等人的"上元"主题诗歌其实就是元宵节的应制诗。应制诗，顾名思义，是指封建时代臣僚奉皇帝所作、所和的诗，这类诗文深受制艺限制，追求形式典丽与辞藻华丽，主要是为了歌功颂德、点缀升平、写景记游等。在这种情况下，历代的应制诗虽然数量众多，但是却没有什么文学价值，并没有引起人们的太多重视。然而，由于这些应制诗往往有据可查，又具有一定的纪录性，对于研究作者所处时代的礼仪、习俗和风貌，具有一定的历史参考价值。《万历野获编》和《侯鲭录》中都记载有宋世宗初政时修改上元应制诗的故事：

> "上尝命一清拟赋上元诗进呈，有'爱看冰轮清似镜'之句。上以为似中秋，改云'爱看金莲明似月'。一清疏谢，以为曲尽情景，不问而知为元宵矣。"（《万历野获编》）

> "元祐中，元夕上御楼观灯，有御制诗，时王珪与蔡襄正为左右相。持正扣王珪云：'应制上元诗如何使故事？'王珪曰：'鳌山、凤辇，外不可使。'章子厚笑曰：'此谁不知。'后两日登对，上独赏王珪诗云：'妙于使事。'"（《侯鲭录》）

王珪和蔡襄的《上元应制》两首诗摘录如下：

> 雪消华月满仙台，万烛当楼宝扇开；双凤云中扶辇下，六鳌海上驾山来。镐京春酒沾周宴，汾水秋风陋汉才；一曲升平人尽乐，君王又进紫霞杯。（王珪）

> 叠嶂青峰宝炬森，端门方佇翠华临。宸游不为三元夜，乐事还同万众心。天上清光留此夕，人间和气阁春阴。要知尽庆华封祝，四十余年惠爱深。（蔡襄）

两首诗以歌颂皇帝为基调，王珪以"升平人尽乐"来比喻帝王治世下的太平盛世，相对比较含蓄。蔡襄则直白地表现出奉承和附和姿态，"乐事还同万众心""四十余年惠爱深"，对皇帝的歌颂丝毫不加掩饰。事实上，就连文人士大夫的代表苏轼，在完成应制诗时，同样无法摆脱刻板的制艺规范，其在诗作《上元侍宴》中写道："淡月疏星绕建章，仙风吹下御炉香。侍臣鹄立通明殿，一朵红云捧玉皇。"总体来看，上元应制诗都突出歌功颂德、粉饰太平之意，但其中也不乏灯火胜景的描绘，可帮助我们了解当时上元灯节的盛况。

　　花萼楼前雨露新，长安城里太平人。龙衔火树千重艳，鸡踏莲花万岁春。

　　帝宫三五戏春台，行雨流风莫妒来。西域灯轮千影合，东华金阙万重开。

　　张说这首应制诗《十五日夜御前口号踏歌词》，用十五日夜、御前、踏歌阐明了时间、地点和特定事件。西域灯轮、龙衔火树、鸡踏莲花等，都是元宵节应制诗中频繁出现的词句，陈去疾《踏歌行》中的"天矫翔龙衔火树，飞来瑞凤散芳春。"唐寅《观鳌山四首之二》中的"凤蹴灯枝开夜殿，龙衔火树照春城。"康熙《灯节戏作》中的"龙衔火树开花看，欲见山青待雪消。"相似的描写还有"火树""银花"，如傅玄《朝会赋》中的"华灯若乎火树，炽百枝之煌煌。"赵尔撰《清史稿》中的"火树星桥，烂煌煌，镫月连宵夜如昼。"

　　帝王对于元宵观灯的重视，除了日常意义的节日娱乐之外，更具有重要的政治含义。"火树银花"装饰的宫城，呈现出歌舞升平的盛世景象，而帝王加入这场全民狂欢的观灯行为中，则表达出普天同庆、与民同乐的象征意义。《旧唐书》《明皇杂录》《影灯杂记》中屡次提到唐玄宗上元节观灯，传其所作之诗《御制勤政楼下观灯》中说"彩光不为己，常与万方同。"宋仁宗也说宫廷举办灯会，"非好游观，与民同乐尔。"《古今事文类聚·前集卷七·同民乐》载："欲观民风，察时态，粉饰太平，增光乐国。"明朝归有光在诗中也说彩灯彻夜不灭是丰年乐事，"灯火长安照夜红，丰年乐事万方同。"在元宵节这个特殊的时间里，人们打破平日的各种禁忌，如昼夜之别、男女之防等，从天子贵胄到平民百姓均围绕"灯彩"这一特定的"器物"展开各种娱乐活动。《大唐新语》中记载："京城正月望日，盛饰灯火之会，金吾施禁，贵戚至下里工贾，无不夜游。车马骈阗，人不得顾，王主之家，马上作乐，以相竞夸，文士皆赋诗以纪其事。"

　　元宵节的娱乐性和亲民性使它与其他传统的节令庆典不同，最适合表达帝王与天下万民同乐，彰显国泰民安。《东京梦华录》"元宵"条中描写的灯山上设彩结金书"宣和与民同乐"，老百姓在宣德楼前观灯看杂剧表演，"万姓皆在露台下观看，乐人时引万姓山呼。"正月十六这一天，皇帝登上宣德门城楼，"自进早膳宣万讫，登门，乐作，卷帘，御座临轩，宣万姓。先到门下者，犹得瞻见天表。"从唐代御政殿前的"贵臣戚里"，到宋

徽宗时"先到门下者"瞻仰天表，体现了皇帝利用元宵节进行政治宣传的
意图。

第三节　元宵花灯的符号形态

南宋诗人范成大在《上元纪吴中节物》中描写了宋时元宵节流行的各
种灯彩，"筼筜仙子洞（坊巷灯），菡萏化人城（荷花灯）。""小家龙独踞
（犬灯），高闲鹿双撑（鹿灯）。""万窗花眼密（万眼灯），千隙玉虹明（琉
璃球灯）。蔷卜丹房桂（栀子灯），葡萄绿蔓萦（葡萄灯）。方缣翻史册（生
绢大方灯），圆魄缀门衡（月灯）。掷烛腾空稳（小球灯），推球滚地轻（大
滚球灯）。映光鱼隐见（琉璃鱼灯），转影骑纵横（马骑灯）。"

南宋《武林旧事》中记载了苏福和新安的元宵灯：

> 其法用绢囊贮粟为胎，内之烧缀，及成去粟，则混然玻璃球也。景物
> 奇巧，前无其比，……此外有（？）灯，则刻镂金珀玳瑁以饰之；口珠子
> 灯则以五色珠为网，下垂流苏，或为龙船、凤辇、楼台故事；羊皮灯则镌
> 镂精巧，五色妆染，如影戏之法；罗帛灯之类尤多，或为百花，或细眼，
> 间以红白，号"万眼罗"者，此种最奇。此外有五色蜡纸，菩提叶，若
> 沙戏影灯马骑人物，旋转如飞。又有深闺巧娃，剪纸而成，尤为精妙。又
> 有以绢灯翦写诗词，时寓讥笑，及画人物，藏头隐语及旧京诨语，戏弄
> 行人。

《西游记》第九十一回"金平府元夜观灯"，唐僧师徒四人到了金平
府，正遇上元宵节前夕，寺僧介绍当地的元宵灯节从正月十三试灯到正月
十八九谢灯，可以推断当时灯节持续时间应该是五到七天，金平府各地方
也都是"高张灯火，彻夜笙箫"。同时，在正月十三晚上，街坊信客"送灯
来献佛"，正月十四、正月十五师徒四人又分别上街看灯。正月十四日上街
观看到的灯景：

> 玛瑙花城，琉璃仙洞，水晶云母诸宫。似重重锦绣，叠叠玲珑。星桥
> 影幌乾坤动，看数株火树摇红。六街箫鼓，千门璧月，万户香风。几处鳌
> 峰高竿，有鱼龙出海，鸾凤腾空。美灯光月色，和气融融。❶

---

❶ 吴承恩. 西游记 [M]. 北京:中华书局,2014:1144.

到了正月十五元宵节，寺庙僧人邀请师徒四人去看金灯，先是整体描写了街上的热闹景象：

三五良宵节，上元春色和。花灯悬闹市，齐唱太平歌。又见那六街三市灯亮，半空一鉴初升。那月入冯夷推上烂银盘，这灯似仙女织成铺地锦绣。灯映月，增一倍光辉；月照灯，添十分灿烂。观不尽铁锁星桥，看不了灯花火树。

街上有各种形态的花灯：

雪花灯、梅花灯，春冰剪碎；绣屏灯、画屏灯，五彩攒成。核桃灯、荷花灯，灯楼高挂；青狮灯、白象灯，灯架高擎。虾儿灯、鳖儿灯，棚前高弄；羊儿灯、兔儿灯，檐下精神。鹰儿灯、凤儿灯，相连相并；虎儿灯、马儿灯，同走同行。仙鹤灯、白鹿灯，寿星骑坐；金鱼灯、长鲸灯，李白高乘。鳌山灯，神仙聚会；走马灯，武将交锋。万千家灯火楼台，十数里云烟世界。❶

《西湖游览志余》中也有一段关于西湖寿安坊到众安桥灯市上的灯品：

其像生人物，则有老子、美人、钟馗捉鬼、月明度妓、刘海戏蟾之属；花草则有栀子、葡萄、杨梅、柿橘之属；禽虫则有鹿、鹤、鱼、虾、走马之属；其奇巧则琉璃球、云母屏、水晶帘、万眼罗、玻璃瓶之属；而豪家富室，则有料丝、鱼（鮝）、彩珠、明角、镂画羊皮、流苏宝带。品目岁殊，难以枚举。

《水浒传》中有几处描写不同地方的元宵节场景，例如地方小镇清风寨过元宵节时，"且说这清风寨镇上居民，商量放灯之事，准备庆赏元宵，科敛钱物，去土地天王庙前扎缚起一座小鳌山，上面结彩悬花，张挂起五七百碗花灯。土地大王庙内，呈赛诸般社火。家家门前，扎起灯棚，赛悬灯火。"镇上家家户户都搭着灯棚，悬挂花灯，这些花灯装饰着各种题材的灯画，"灯上画着许多故事，也有剪采飞白牡丹花灯，并荷花芙蓉异样灯火。"其中又单独写了一段小鳌山灯景，"山石穿双龙戏水，云霞映独鹤朝天。金莲灯，玉梅灯，晃一片琉璃；荷花灯，芙蓉灯，散千团锦绣。银蛾斗采，双双随绣带香球；雪柳争辉，缕缕拂华幡翠幕。村歌社鼓，花灯影里竞喧阗；织妇蚕奴，画烛光中同赏玩。虽无佳丽风流曲，尽贺丰登大有年。"

从以上几段描述中，不难发现，宋代时已经成熟的几十种元宵花灯，

❶ 吴承恩. 西游记 [M]. 北京：中华书局，2014：1145.

沿袭到明清时期，仍然是花灯中的主要品类（图 5-6）。归纳起来，大致可以分为以下几类：①自然或植物形态：荷花灯、栀子灯、葡萄灯、梅花灯、核桃灯、芙蓉灯、绣球灯、雪花灯。②禽鸟虫兽形态：犬灯、鹿灯、青狮灯、白象灯、虾灯、鳌灯、羊灯、兔灯、鹰灯、凤灯、虎灯、马灯、仙鹤灯、金鱼灯、骆驼灯、猿猴灯、螃蟹灯、鲇鱼灯、龙灯、凤灯。③人物形态：秀才灯、和尚灯、通判灯（钟馗灯）、师婆灯、刘海灯、老子灯、美人灯。④奇巧技艺：万眼灯（罗帛灯）、琉璃球灯、生绢大方灯、月灯、小球灯、滚球灯、玻璃鱼灯、走马灯、珠子灯、羊皮灯、绣屏灯、画屏灯。⑤综合装置：鳌山灯、灯棚、灯楼。

1814 年出版的《中国衣冠风俗图解》中，英国年轻画家威廉·亚历山大（William Alexander）写道："从来没有哪一个国家像中国人这样喜爱灯

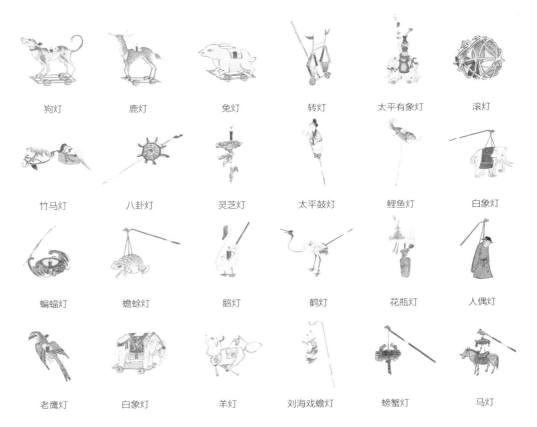

狗灯	鹿灯	兔灯	转灯	太平有象灯	滚灯
竹马灯	八卦灯	灵芝灯	太平鼓灯	鲤鱼灯	白象灯
蝙蝠灯	蟾蜍灯	鹅灯	鹤灯	花瓶灯	人偶灯
老鹰灯	白象灯	羊灯	刘海戏蟾灯	螃蟹灯	马灯

图 5-6
古代元宵花灯图像

笼，也没有一个国家像中国这样有效地把众多发明和技术运用于灯会中。"❶
灯烛呈现出来的礼仪规范、事物风尚、社会风俗等，是中国传统文明的
重要侧面。"凡邦之大者，共庭燎坟烛"，宴客至饮时始燃烛，且"烛不
见跋"，嫁女之家"三夜不熄烛"，执烛不让、不辞、不歌……灯烛的使
用构成了以"礼"为核心的秩序规范。同时，灯在神话、道教和佛教中
神圣性，也逐渐融入人们的日常生活之中。由礼入俗、脱神入俗，元
宵彩灯逐渐转变为日常风俗、民俗的一部分。在中国漫长的历史长河
中，产生出大量雅俗并兼的彩灯文化和艺术，构成了中国传统文明的重要
侧面。

　　鳌山灯是元宵彩灯中的"灯王"，前文曾提到应制诗中的制艺规范，其
中之一就有鳌山，不仅是因为鳌山体量巨大，更因为它是皇家灯会中最重
要的灯品。鳌山是古代神话中的仙山，传说渤海之东几亿万里处有一处沟
壑，名叫"归墟"，归墟上有五座仙山，随着海潮漂浮不定，于是玉帝派了
十五只巨鳌去归墟，分三班轮流驮着仙山，以防它们漂离到别处。"帝恐
流于西极，失群仙圣之居，乃命禺疆使巨鳌十五举首而戴之，迭为三番，
六万岁为一交焉。"❷后来，有伯国的巨人来到归墟，钓走了六只巨鳌，导
致其中两座仙山又失去了稳定，随着波浪漂入北极汪洋之中，至此仅剩下
了三座仙山，即蓬莱、方丈和瀛洲。传说秦始皇曾派方士出海寻找三座仙
山，以求取长生不老之药，后世也不断有人仿效，试图找到这几座海外仙
山。然而，"海客谈瀛洲，烟涛微茫信难求"（李白），虽然找不到这几座海
外仙山的踪迹，它们却已然成为人们心中向往的神仙福地。明代画家文嘉
的《瀛洲仙侣图》描绘了传说中的海外仙山（图5-7）。画中山岭像石柱一
样伫立在河岸，丛林深处隐藏着亭台楼宇，山间云雾缭绕，诗塘题诗中的
"石梁南畔是瀛洲"点明了仙山的主题。

　　鳌山灯以传说中的海外仙山为表现主题，搭建成山的形状，山上悬挂
千姿百态的彩灯，彩灯样式包括神仙人物、飞禽走兽等。人们发挥丰富的
想象力，去构筑理想中的神仙福地。《东京梦华录》载宋徽宗时扎的"宣和
彩山"："自冬至日，下手架造鳌山高灯，长一十六丈，阔二百六十步，中
间有两条鳌柱。长二十四丈，两下用金龙缠柱，每一个龙口里点一盏灯，

---

❶ Wiilliam alexander. The dress and manners of the Chinese[M]. London: printed for john murray, albemarle-street, by w. bulmer and co. cleveland-row,1814. 原文为："There is no nation so foud of illuminations and fire-works as the Chinese, and no nation has exerted its skill so effectually in the multitude of contrivances to exhibit light."

❷ 杨伯峻. 列子集释 [M]. 北京:中华书局,1979;153.

千山暮雪摧飞橘山木
蔼蔼水漫流青寿凯帝光
炎暹石梁雨晚至瀛洲

文嘉

图 5-7
《瀛洲仙侣图》 明 文嘉 台北故宫博物院藏

谓之双龙衔照。"鳌山灯体量巨大，实际上是一座综合性质的灯山，制作费用高、难度大、耗时长。明清时期，鳌山灯棚成为灯会中最重要的彩灯。《皇明通纪》载："永乐十年正月元宵赐百官宴，听臣民赴午门外，观鳌山三日，自是岁以常。"《万历野获编》载："永乐间皇帝赐灯节假十日，盖上元游乐，为太平盛事，故假期反优于元旦，至今循以例。"史载，永乐十年（1412）元宵节，朱棣在南京皇宫午门搭设鳌山灯棚。清皇宫内养心殿西暖阁适时陈设鳌山灯，至雍正六年改（1728）陈设到圆明园正大光明殿内西侧，乾隆年间则在重华宫殿前和宁寿宫西厢设鳌山灯，并一直沿袭到嘉庆时期。自雍正朝开始，每年正月上旬都会在圆明园正大光明殿悬挂鳌山灯，雍正八年（1730）正月初四传旨："正大光明殿上安德西厢鳌山灯与万国来朝鳌山灯，仍照例安设，其余各处鳌山灯不必案涉，嗣后照此例。"《万历野获编》载："鳌山灯会，禁中年例，亦清朝乐事。"《日下旧闻考》载："上元之前，宫中穿灯景补子蟒衣。于乾清宫丹陛上安放牌坊灯，于寿皇殿安放方圆鳌山灯，牌坊自七层，鳌山至十三层。十九日乃撤下鳌山山顶之灯，安放神器三位。"

鳌山灯花费高，据《明史》载："命造鳌山灯，计费三万余两。"以松柏枝搭建灯山基础，或用色纸、竹篾片和篾丝扎成中空的一座假山，山石树木具备，装饰仙、佛等各种戏剧人物肖像。灯山上悬挂千姿百态的彩灯，还有露台可供奏乐、表演等。一般来说，鳌山灯上装饰的戏剧人物以"八仙"题材为主。有的鳌山灯还设置了精巧的机关，树木、楼阁、人物皆可活动，《翁同龢日记》载："至乾清宫看鳌山灯，有机关，塔树皆动。"明代清溪道人在《禅真逸史》中第五回写妙相寺元宵节彩灯，"船灯之前，又结一座鳌山，灯上将绢帛结成多般故事。"

清代郭柏苍在《乌石山志》中描写了福州闽山庙每年元宵节，"驾鳌山，玲珑飞动，人物、花果、禽鱼皆裁缯剪彩，为之箫鼓喧腾，煎沸道路。"

　　明代表现元宵节题材的绘画作品有《明宪宗元宵行乐图》《南都繁会图》《岁华纪胜图》《上元灯彩图》等，这几幅作品中都绘制了鳌山灯，以及围绕着鳌山灯周围的各种元宵民俗活动（图5-8~图5-11）。《明宪宗元宵行乐图》描绘的是宫廷内举办的元宵节，鳌山灯四角悬挑着华盖彩灯，山上一层一层地挂满各种球形花灯，灯楼上有"八仙庆寿"的灯景，分为"上洞八仙"（吕洞宾、汉钟离、何仙姑等）和"淮南八公"（苏飞、左吴、田由等）两组（图5-12）。明代吴彬《岁华纪胜图册》中的《元夜图》和明代佚名作品《南都繁会图》都是以南京城为背景，前者以俯瞰的视角，描

图5-8
《明宪宗元宵行乐图》中的鳌山灯

图5-9
《南都繁会图》中的鳌山

图 5-10
《岁华纪胜图册》中的鳌山灯

图 5-11
《上元灯彩图》中的鳌山灯

图 5-12
《明宪宗元宵行乐图》中鳌山灯上的戏曲人物

绘了正月十五城门附近的鳌山灯景，后者则是在街市中出现一座小型鳌山灯，《上元灯彩图》中心的鳌山灯是由江南造园的太湖石堆叠而成，山石中布置了彩灯和神仙人物。

鳌山灯景组合中通常有龙灯，"山石穿双龙戏水，云霞映独鹤朝天。"《水浒传》中描写小鳌山灯景时也提到了龙灯。双龙戏水就是传统灯品龙灯，《水浒传》第六十六回描写北京大名府有三处鳌山灯，留守司州桥边"搭起一座鳌山，上面盘红黄纸龙两条，每片鳞甲上点灯一盏，口喷净水"。铜佛寺前一座鳌山，"上面盘青龙一条，周回也有千百盏花灯"。翠云楼前的鳌山"上面盘着一条白龙，四面灯火不计其数"。

龙是古代传说中一种有鳞有须，能兴云作雨的神异动物。《说文解字》载："龙，鳞虫之长。能幽能明，能细能巨，能短能长。春分而登天，秋分而潜渊。"饶炯注："龙之为物，变化无端，说解因着其灵异如此，以能升天，神其物，而命之曰灵。"《礼记·礼运》中将"麟、凤、龟、龙"称为四灵，《孔子家语·执辔》中则说龙是甲虫，"甲虫三百有六十，而龙为之长。"在中华文化中，"龙"既是一种"具象"的符号，同时也是一种抽象的观念。作为一种虚拟的形象，它的原生形象一直存在争议，最常见的形象是以蛇（虫）为基本形态，综合各种其他动物局部组合而成。"自首至膊，膊至腰，腰至尾，皆相停也。""角似鹿、头似驼、眼似兔、项似蛇、腹似蜃、鳞似鲤、爪似鹰、掌似虎、耳似牛。"没有人知道真正的"龙"是什么样子，由各种虫兽局部变形组合构成的形态逐渐成为一种定型化的"中华龙"形象。可以说，中华文化中的龙凤形象，都是中华民族在漫长的发展过程中逐渐交融演化而成，它们是一种文化观念的载体，而非具有某种实体原型的自然界对象，它们是基于自然的对立面——神异的世界而存在的，超越了世俗的可见的物质层面的对象，但是，它们又必须依托于某种现实中的物象，才能在人们的心中建立起对应的联结。从现有的图像来看，春秋战国时期的龙的形象已经基本确立，与各种古籍中描绘的形象相对吻合，蛇身兽头，有角、爪、鳞等（图5-13）。龙是最具代表性的中华民族共同体意识的形象，"与龙有关的文化现象堪称是中华民族文化的缩影，龙所展示的独特形态，蕴藏着中华文明中最奇妙、最有趣的华彩，龙所表述的观念，牵连着中华文化中最隐秘、最曲折的精粹。"❶

中国自古有崇龙的习俗，皇帝是"真龙天子"，民间有"望子成龙""鲤鱼跃龙门"等观念，人们还将龙看作吉祥的化身，它既能带来风调雨顺，又能驱灾辟邪。因此每当各种节日庆典时，都有舞龙灯的习俗，龙灯与各地的民俗结合，又形成了不同地域特征的龙灯文化。

最早的龙灯只是供人观赏，宋仁宗时期的夏竦在《上元应制》中云："宝坊月皎龙灯淡，紫馆风微鹤焰平。"孟元老的《东京梦华录》中描写了南宋元宵节的草龙灯，据《东京梦华录》载："又于左右门上，各以草把缚

图 5-13
《人物龙凤帛画》 战国　湖南博物院藏

成戏龙之状，用青幕遮笼，草上密置灯烛数万盏，望之蜿蜒如双龙飞走。"《水浒传》中描写的大名府的鳌山上的龙灯，每片鳞甲上都点着一盏灯。

舞龙最初是求雨的祭祀活动，据董仲舒《春秋繁露》载："春旱求雨舞青龙，炎夏求雨舞赤龙或黄龙，秋季求雨舞白龙，冬天求雨舞黑龙。"人们通过舞龙祈祷风调雨顺、五谷丰登，由于舞龙具有极强的表演性和观赏性，非常适合在重要的节庆活动中表演。"正月里来把龙

---

❶ 陈绶祥. 遮蔽的文明 [M]. 北京:北京工艺美术出版社,1992:54.

灯耍"成为中国元宵节标志性的节俗活动，舞龙涉及的范围广，超越了地域的限制，同时，又与各地不同的文化习俗结合，构成了具有中华民族共同意识但又具有地方族群特点的"龙灯"文化体系。"舞龙是从以龙形祈雨的仪式中直接演化保留下来的民俗活动，它最初大约总在春节生产季节进行，宋元之后，舞龙已渐渐与放灯、社火之类的春祭、祈年活动结合起来，通称为'舞龙灯'，实际上，与水、火有关的雨和灯都是古代以龙为祭的本质迁延。"❶

明代徐弘祖在《徐霞客游记》中多处提到"观龙灯"，说明观龙灯在明代民间也是一项流行的民俗活动（图 5–14）。关于舞龙灯的记载，清代至民国的记载比较全面，它既是官方的重要表演，又是民间重要的岁时娱乐和祭祀活动。清代李声振《龙灯斗》载："屈曲随人匹练斜，春灯影里动金蛇。烛龙神物传山海，浪说红云露爪牙。"清代冯梦祖《龙灯》一诗描写了灯、鼓、舞结合在一起的表演形态，"地奋阳和动，腾飞不驾云。烛含延吐照，行起蛰从群。浪静千波雨，光移万点雯。出潜暗夜月，蜿蜒鼓雷鼓。"徐珂《清稗类钞》载："有一灯为龙形，约长十五尺，支以十竿，太监十九执之，又一监在前执一灯球，取龙珠之意。"此处所载龙灯"十五尺"，应约为 5 米。民国颂孕在《扬州风俗纪》中记载："广陵灯市最盛，有舞龙灯者，如宜僚弄丸，操纵自如，左宜右有，神乎技矣。"可见，舞龙灯的这种表演性、舞蹈性甚至竞技性的综合娱乐活动，拥有广泛的群众基础，也是人们喜闻乐见的形态。清代宫廷元宵节期间，也有舞龙灯的表演，"每遍舞头分两向，太平万岁字当中。"居易录云："今外国犹传其制。"引郑麟趾高丽史云："教坊奏王母队歌舞，一队五十五人，舞成四字，或君王万岁，或天下太平，此其遗意云云。今圆明园正月十五日，筵宴外藩，放烟火，转龙灯。其制，人持一竿，竿上横一杆，状如丁字。横竿两头系两红灯。按队盘旋，参差高下如龙之宛转。少顷，则中立向上排列'天下太平'四字。当亦前人遗意耶。"❷

从各种地方志的记载中可以发现，中国的大江南北甚至各个乡县村落，都有舞龙灯的民俗。

"制为龙灯，蜿蜒数丈，人持一节，环绕街市村落间；又或为俳优假面之戏，锣鼓喧沓，老幼逐之为乐，累夕方止。"《康熙望江县志》

"金陵之龙灯，自上灯后，即游街市。分二组，一军营，一木商也。长

❶ 陈绶祥. 遮蔽的文明 [M]. 北京:北京工艺美术出版社,1992:93.
❷（清)姚元文. 竹叶亭杂记 [M]. 北京:中华书局,1982:7.

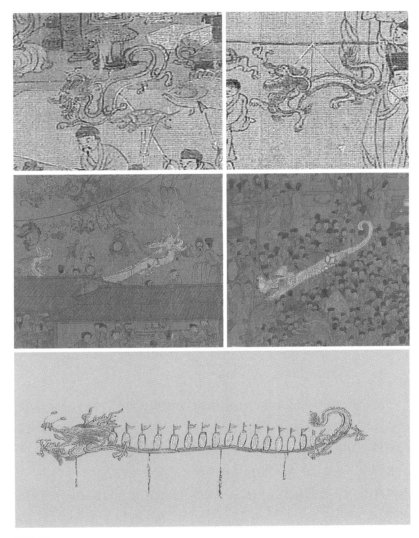

图 5-14
《上元灯彩图》中的龙灯

或十余丈，多至百余节，盘拿飞舞，各有家法。司其首尾者，皆称健儿。中间掺以高跷舞狮，或蚌精及各种杂剧。灯所过市，人争燃爆竹以助兴。大人家或具元宵茶点，开门延之，曰接龙灯。爆竹越多，舞者越高，彩越烈，或回旋院庭，或盘梁绕柱，复间以歌唱锣鼓，想见升平佳况。"❶（《岁华忆语》）

❶ 夏仁虎.岁华忆语 [M].卢海鸣,点校.南京:南京出版社,2006:58.

"（正月）元宵，剪纸为灯，悬之庭户。又以竹笼罩布，联络丈余肖龙形，燃灯其中，数人擎舞，曰'龙灯'。"《宁乡县志》："龙灯以纸扎头，内含蜡烛，以布为身，长数十节，每节燃烛，十数人举之，盘旋翻舞，取龙见为瑞之意。"（嘉庆《浏阳县志》）

"龙灯：其一玩龙灯。编竹作龙，节节蝉联，幕布其外，采色斑然，节各实烛，尤丽夕观。木櫩擎举，人数十焉。金者、鼓者，群声填咽。龙贴地舞，之而蜿蜒，发纵指示，大珠在前，再接再厉，花爆鸣颠，又有所谓板凳龙灯者，为四、九都出品，数十百凳联为一龙，亦诡异观矣。"（民国《慈利县志》）

"正月初旬，手艺行及一切杂人扮龙之戏，以布糊灯作龙形，长数丈，中燃以灯，以数人架之，前一人执火球引路，作龙戏球状。又有用双龙者，变化翻腾，各臻神妙，并有蟠柱诸名色。"（民国《陪都杂述》）

"游手环竹箔作笼状，蒙以绤（粗葛布），绘龙鳞于上，有首有尾，下承以木柄旋舞，街巷前导为灯牌，必书五谷丰登，官清民乐。"（清道光年间《沪城岁事》）

"上元张灯火，自初八九至十五日，辉煌达旦，扮演龙灯、狮灯及其他杂剧，喧阗街市，有月逐人、尘随马之观。"（清道光年间《铜梁县志·风俗志》）

从上述记载中不难发现，各地的舞龙灯都各具特色，制作工艺、所用材料和表演的方式也各不相同。总的来说，布龙、草龙、竹龙、纸龙等最为普遍，火龙、板凳龙等相对更具地方性。常规制作方法是用铁丝或竹扎制骨架，包裹上白纱、葛布或者纸等，再在其上彩绘鳞甲等图案。龙身长度不一，一般由单数节构成，节与节连接处可以自由转动，形成蜿蜒之状。

晚清和民国时期还流行一种百子闹龙灯纹，百子是中国古代的吉祥图饰，俗称周文王百子，后世一般以"百子图"题材来比喻文王治世的瑞兆，同时也包含了子孙繁衍之意。百子图的图像内容比较程式化，均以表现儿童的嬉戏玩耍为主，如舞龙灯、放爆竹、骑竹马、放风筝等（图5–15）。百子图也常常用作建筑、器物的装饰，也是年画、剪纸的流行表现题材。清代同治时期的五彩青花百子闹龙灯纹盘，以元宵灯节为主题，画面里的儿童手举灯笼或鞭炮，其中一群孩童正在挥舞着青龙灯 ❶，旁边还有四名孩童

---

❶ 龙灯根据颜色的不同，主要分为黄龙、白龙、火龙、青龙。

图 5-15
《年节习俗考全图》中的舞龙灯

举着鱼灯，这应该是流行的"鱼龙舞"的典型表现。鱼龙舞兴起较早，有学者认为汉代的"鱼龙曼延"幻戏表演应该是鱼龙舞前身。《汉官典职》载："正旦，天子行阳德殿，作九宾乐。舍利从东来，戏于庭。入殿前，激水化成比目鱼，跳跃漱水作雾，化成黄龙，高八十丈，出水戏于庭。……钟磬普唱，乐毕，作鱼龙曼延。黄门吹三匝。"后世上元节流行的"鱼龙灯"，有可能与这种鱼龙舞有关。陈寅恪在诗歌中写"鱼龙灯"为"鱼龙灯火喧腾夜，一榻萧然别有天。""鱼龙灯戏遥难忘，鼓笛声传报上元。""鱼龙灯火闹春风，节物承平似梦中。"常任侠先生认为，"化比目鱼，化成黄龙，作鱼龙曼延"，这都是古代元旦灯节的游戏，至今演龙灯，便是古代游艺的遗存。❶

鱼化龙的传说在民间影响甚广，因为传说中龙是鱼化身而来，《说苑》曰："昔日白龙下清冷之渊化为鱼。"《长安谣》曰："东海大鱼化为龙。"传说黄河有一处叫龙门的地方，地势险要，河水都不能流通，因此鱼鳖无法游过，凡是江河大鱼能跳上龙门的就成为龙，不能跳过的就是鱼。汉代辛氏在《三秦记》中记载："有黄鲤鱼，自海及诸川来赴之，一岁中不过七十二。初登龙门，即有云雨随之，天火自后烧其尾，乃化为龙。"因此，鱼化龙常用来比喻飞黄腾达，后来演变成寓意金榜题名、仕途顺利的吉祥图案。

鳌鱼灯是鱼龙灯的一种代表。还有一种传说认为鳌鱼是龙的儿子，它

---

❶ 常任侠. 丝绸之路与西域文化艺术 [M]. 上海：上海文艺出版社，1981：19.

的形制是龙头、龟背、麒麟尾或者龙头鱼身的组合。古代宫殿前的石阶上镌刻着巨鳌浮雕，通过科举考试选拔的进士都要到殿前迎榜，只有中得头名的状元才能跪在鳌头上。因此，中状元称为"独占鳌头"，鳌也成为祈祷科举顺利的吉祥图案。鳌鱼灯、独占鳌头灯，都寄托了仕途顺达的美好愿望。宋代黄判院在《满庭芳·寿黄状元》中道："登瀛，平步上，鳌头独占，头角轩昂。"《升平乐事图》中，一名仕女手持长杆悬挑着一盏"魁星点斗"和"独占鳌头"组合的彩灯，赤发蓝脸的魁星单腿站在红色鳌鱼头上，鳌鱼嘴巴大张，头上有角，背上覆龟壳，鱼尾上翘，与传说中龙头、龟背、麒麟尾的形象吻合（图5-16）。《上元灯彩图》中更是有各种形态的鳌鱼灯。在这些元宵节灯品中，鱼灯的类型最多，其中又以鲤鱼灯、金鱼灯为主。人们喜爱鲤鱼，主要还是受到鲤鱼跃龙门的影响，与鳌鱼灯相似，鲤鱼灯也寄托了人们对仕途的美好追求。鲤鱼也用来比喻财富，鲤与"利"谐音。几乎在所有表现元宵灯节的绘画中，都能看到举着鲤鱼灯的儿童，《上元灯彩图》《升平乐事图》《元宵行乐图》《正月观灯》《太平春市图》等图中都出现了鲤鱼灯。

仙鹤灯和白鹿灯是元宵节的流行灯品。鹤、鹿都是神话中的仙人坐骑。《玉篇》载："黄鹤，仙人所骑。"《淮南子·说林训》载："鹤寿千岁，以

图 5-16
《升平乐事图》中的独占鳌头灯 清 佚名

极其游。"《述异记》中更是做出了详细的描写，"鹄（鹤）生五百年而红，五百年而黄，又五百年始苍，又五百年为白，寿三千岁矣。"仙鹤是极乐世界的神鸟，能载人遨游于天地之间，《诗经·小雅·鹤鸣》曰："鹤鸣于九皋，声闻于天。"唐代诗人贯休《过商山》诗言："吟缘横翠忆天台，啸穴啼缘见尽猜。四个老人何处去，一声仙鹤过溪来。皇城宫阙回头尽，紫阁烟霞为我开。天际峰峰尽堪住，红尘中去大悠哉。"中国人追求长寿，不仅是现世寿命的延长，更是受到道家"死而不亡"观念的影响，人死之后的精气神并没有消散，最理想的状态是去往西天极乐世界，就是通常说的得道成仙，因此，古代称亡故为"驾鹤西去"，就是在表达这种升仙的长寿观。同时，仙鹤在羽族中位次仅低于凤凰，明清时期，只有朝廷一品文官大员才能在官服袍子上绣仙鹤图案，因此又被称为"一品鸟"。

鹤、鹿、松常常同时出现，鹿和鹤的组合寓意"鹿鹤（六合）同春"，鹿和松的组合寓意"松鹿长寿"。传说西王母的坐骑就是一头白鹿，《博物志》载："汉武帝好仙道，祭祀名山大泽以求神仙。时西王母遣使乘白鹿，告帝当来，乃供帐承华殿以待之。"鹿是长寿之兽，葛洪在《抱朴子》中说："鹿满五百岁则色白。"《述异记》又说鹿活到一千岁呈苍色，二千岁呈黑色。鹿谐音"禄"，即古代官员的俸禄，官位越高俸禄越多，因此鹿又具有升官晋爵的寓意。

鹿和蝙蝠的组合寓意"福禄双全"。蝙蝠在西方文化里是阴暗和邪恶的象征，但是在中国传统社会，它是福文化的代表图像。蝠与"福"谐音，象征着福气、幸福。五只蝙蝠寓意五福，五只蝙蝠围绕着寿字寓意"五福捧寿"，红色蝙蝠飞在天上寓意"鸿福齐天"。蝙蝠被广泛应用于建筑、服装、器物等的装饰，也被制作成彩灯、风筝等各种民俗工艺品。清乾隆粉彩春灯婴戏图双耳瓶的瓶身绘画中有许多种灯品，河边长廊处的婴戏场景中，有五名孩童手举红色的蝙蝠（图5-17）。

"通判灯，钟馗并小妹并坐。"钟馗是民间最著名的神之一，职责是捉鬼。传说唐明皇曾在病里梦中见一名身着蓝袍相貌丑陋的人吞食小鬼，此人自称钟馗，是终南山进士，因相貌丑陋，科举时遭到歧视，激愤下触阶而死，死后发誓要除掉天下"虚耗之业"。唐明皇梦醒之后，病痛全无，于是命吴道子根据梦中所见绘制钟馗肖像。人们认为钟馗能驱邪消灾，每逢除夕和端午时，家家户户都要在门外悬挂钟馗像。李方膺《风雨钟馗图》题："节近端阳大雨风，登场二麦卧泥中。钟馗尚有闲钱用，到底人穷鬼不穷。"高其佩《题钟馗图》题："谁家门上神，持锋忽飞起。若能斩愁

图 5-17
粉彩春灯婴戏图双耳瓶及其局部　清乾隆年间

魔，与君同不死。"钟馗也成为中国传统绘画中的流行题材，如"钟馗嫁
妹""钟馗斩狐""钟馗斗鬼""行旅钟馗"等。钟馗嫁妹带有"驱魅嫁魅"
的吉祥含义，据说钟馗死后，由好友杜平收敛尸身，钟馗感念好友埋骨之
义，率领一众小鬼抬着钟小妹嫁到杜家。

　　在传统图像中，钟馗的旁边常常画有蝙蝠，清代佚名《钟馗骑虎图》
里的钟馗持剑骑虎，回望天上的蝙蝠，蝙蝠头部形似鼹鼠，伸展着巨大的
翅膀飞向钟馗。清代黄慎《来蝠图》的祈福含义十分直白，头戴士子帽的
钟馗手捧罐子，望着向罐子飞来的四只蝙蝠；罐口还趴着一只红丝蝙蝠，
五只蝙蝠正好表达了"天降五福"的含义（图 5-18）。明朝朱见深的《岁朝
佳兆图》为纸本浅设色，画面里钟馗手持一柄如意，瞪大双眼盯着前方飞
来的蝙蝠，左侧的小鬼手捧托盘，装着柿子和柏枝（图 5-19）。画面右上
方题有款识"柏柿如意。一脉春回暖气随，风云万里值明时。画图今日来
佳兆，如意年年百事宜。"柏树、柿子、如意的组合寓意"百事如意"。南

宋龚开也喜欢画钟馗和鬼怪，风格奇特，在托名为其所作的《钟进士移居图卷》中，一名鬼差左肩扛着一盏"气死风灯"，右手抓着一只红色的蝙蝠（图 5-20）。更特殊的蝙蝠形象出现在南宋周季常的《五百罗汉观舍利光图》

图 5-18
《来蝠图》 清 黄慎 天津博物馆藏

图 5-19
《岁朝佳兆图》 明 朱见深 故宫博物院藏

图 5-20
《钟进士移居图卷》 南宋 龚开 台北故宫博物院藏

中，该画是一幅佛教题材画，画面上端高崖耸立，云雾缭绕中有三道灵光，每道灵光上有一只捧着舍利塔的小鬼，小鬼形貌丑陋，长着巨大的红色翅膀。舍利是祥瑞之光，显然，长蝙蝠翅膀的小鬼也是祥瑞的象征。《升平乐事图》中，小童双手拿着一盏红色蝙蝠灯，蝙蝠形态逼真，背部中空，灯里面燃着一只红色的蜡烛，三条白色细线将灯悬在一根小棍上（图5-21）。

古代象占者认为，白象的出现是王君德政、天下太平的征兆，"武王曰《象》者，象太平而作乐，示已太平也。"《汉书》载："象载瑜，白集西，食甘露，饮荣泉。神所见，施祉福。"孙氏《瑞应图》题："王者政教得于四方，则白象至。一本云：人君自养有节，则负不死药而来。"白象是佛教中的重要符号，佛经中说菩萨以白象入胎，"一切菩萨，入母胎时，作白象形。"普贤菩萨的坐骑是一头六牙白象，《普曜经》载："菩萨便从兜率天上垂降威灵，化作白象，口有六牙。"象宝功德有七种，白象宝表示佛法大力，佛法远扬。因为"象"谐音"相"，洗象、扫象在佛教中象征着破除一切对名相的执着。元代赵孟頫（传）的《浴象图》中有一头白象。明代画家崔子忠的《洗象图》中溪边有两头六牙大象，象背上站着一名红衣男子，正往大象身上淋水，一名头戴冠帽的男子正在用刷子洗刷另一头大象。三名男子正在旁边观看洗象，站在最前面的中年文士，头顶有肉髻，应当是

图5-21
《升平乐事图》中的红色蝙蝠灯

佛的化身。

　　大象是祥瑞之物，因此大象也是历代边疆职贡的重要动物之一。唐朝时真腊曾进献驯象，"大历中，副王婆弥及妻来朝，献驯象十一；擢婆弥试殿中监，赐名宾汉。"顾况的《杜秀才画立走水牛歌》道："昆仑儿，骑白象，时时锁着师子项。"元代记录职贡的史料中，回纥、缅甸、安南等多个周边国家都曾向中原皇帝进贡驯象。北宋李公麟的《万方职贡图》中第一幅占城国使团中有三头大象，其中领头的大象装扮华丽，背上驮着宝盆，

图 5-22
《贡象图》　清　佚名　台北故宫博物院藏

另两头大象跟随在后，队伍中还有许多人捧（扛）着象牙。明代仇英的《职贡图》沿袭了李公麟的布局和构图，画中的一头白象驮着宝盆，连象牙都被套上了精美的珠宝牙套，身后的两头大象则是一灰一白。这种白象驮着宝盆（瓶）的形象，成为清代画作《贡象图》中的主体，一名番邦使臣手牵着白象，白象驮着的一只装满珍宝的宝盆，尤其引人注目的是其中的宝瓶，瓶身描绘着一尊佛像，瓶口塑六角宝塔檐顶，宝塔顶上还装饰着璎珞华盖（图 5-22）。这种大象背驮宝盆（瓶）形象逐渐演变成寓意天下太平、海晏河清的吉祥图案。瓶谐音太平、平安的"平"，与大象组合成"太平有象"；如果大象背上驮着的是万年青，则寓意"万象更新"。

　　元宵灯品中的白象花灯，借鉴了"洗象图"和"职贡图"中的造型，在托名唐代周昉的《人物卷》中，一名女

子牵着一盏白象车灯，大象背上驮着胡僧（奴），这种形态几乎被另一幅清代佚名画作《庭院婴戏图》原样临摹（图5-23、图5-24）。相比之下，《升平乐事图》中的白象花灯组合了多种吉祥图案（图5-25）。宝瓶中装着一只戟、一柄如意。戟本是古代的兵器，谐音吉祥的"吉"，因此通常作为吉祥图案用于装饰，这只戟上还悬挂卍字纹和双钱，"卍非本字，周长寿二年（693，武则天时），权制此文，音之为'万'，谓之吉祥万德之所集也。"钱在古代称为"泉"，与"全"谐音，因此也是重要的装饰符号，双钱寓意双

图5-23
《人物卷》中的大象花灯

图5-24
《庭院婴戏图》中的白象灯　西雅图艺术博物馆藏

图 5-25
《升平乐事图》中的太平有象灯

图 5-26
《观灯图》 宋 李嵩 故宫博物院藏

全，十枚钱则表示十全。如意最早是挠痒的用具，长柄，顶端呈爪状，它可以抓挠到背部等任意位置，具有"如人之意"的特性。由于"如意"的美好含义，它逐渐演变成一种把玩和礼仪器物，受到帝王、贵族、名士和僧侣各群体的青睐。以至于到后来，如意顶端的爪状形态逐渐转变成了祥云或灵芝的形态，还有各种珠宝或羽毛的装饰。因此，这组白象花灯综合宝瓶、戟、如意、卍字纹、双钱等图案，在"太平有象"的主题下，还有吉祥如意、吉祥万德等多种寓意。

《燕京岁时记·走马灯》载："走马灯者，剪纸为轮，以烛嘘之，则车驰马骤，团团不休。"李嵩《观灯图》画面右侧的桌子上，就放着一盏走马灯（图 5-26）。周密在《武林旧事》中也说："若沙戏影灯，马骑人物，旋转如飞。"走马灯是利用物理原理的一种彩灯"装置"，一般为圆形、四边形或六边形，灯笼中央固定两根交叉的细铁丝为中轴，铁丝的末端（四处）粘上人物、马匹等剪纸，轴上方装叶轮。点燃灯烛后，灯笼里的空气被加热形成上升气流，推动顶端的叶轮旋转，继而带动细铁丝四周的剪纸旋转，剪纸投影到灯罩上，就形成了人马追逐的动态图像。这种装置在秦汉时期已经出现，据《西京杂记》记载，刘邦曾在咸阳宫中看到了蟠螭灯，点燃灯时，蟠螭身上的鳞甲会翻滚，"其尤惊异者，有青玉五枝灯，高五尺七寸，作蟠螭，以口衔灯，灯燃鳞甲皆动，焕炳若列星而盈室焉。"唐太宗《咏烛》诗中的"九龙烛"❶、陶谷《清异录》中的"仙音烛"都是利用了灯烛燃烧时产生的热量带动装置，尤其是仙音烛，更是兼具了彩灯和音乐的结合，"其状如高层露台，杂宝为之，花鸟皆玲珑。台上安烛，既点燃，则玲珑者皆动，丁当清妙。烛

---

❶ 原诗：九龙翻焰转，四照迎花生。即此流高殿，堤持待月明。

尽绝响，莫测其理。"走马灯广受欢迎的原因在于通过灯的转动形成连续的动态图案，这些图案多选自战争、历史故事或民间传说，如"纷纷铁马小回旋，幻出曹公大战年。"两首名为《走马灯》古诗中，清晰地描写了走马灯图像的战争故事主题。

飘轮拥骑驾炎精，飞绕人间不夜城。
风鬃追星低弄影，霜蹄逐电去无声。
秦军夜溃咸阳火，吴炬霄驰赤壁兵。
更忆雕鞍年少梦，章台踏碎月华明。

（元代　谢宗可《走马灯》）

楮国城垣咫尺高，中军有警夜焚膏。
旌旗簸影连戎垒，剑戟交光出虎牢。
逐电龙媒争踊跃，蒙烟雉堞绕周遭。
英雄报本分明见，寸草心驰不惮劳。

（明代　俞原《走马灯》）

北宋宰相王安石的美好际遇，更是给走马灯蒙上了一层喜庆的色彩。据说王安石赴考时，看到有户人家正门外悬挂着走马灯，灯上有一上联"走马灯，灯走马，灯熄马停步"。王安石读后大为赞赏。碰巧的是，应考时主考官出了一则上联"飞虎旗，旗飞虎，旗卷虎藏身"让他应答，王安石就用了走马灯上挂的上联予以应对。考试结束后，王安石内心感激走马灯上对联带来的运气，于是又来到了这家府邸门口，结果被这家人认出，遂将女儿嫁与他为妻。原来，这盏走马灯上的对联本来就是这家小姐为择婿而作。在两人举行婚礼时，又接到王安石科举高中的喜报。王安石因为走马灯喜获良缘，顺利进仕，传为后世美谈。

由于走马灯不停转动的特征，人们便用它来形容变化快或往来不停，并逐渐形成了口口相传的口头语言——"走马灯似的"，元代佚名作品《百花亭》第一折载："往来的人，一上一下，似走马灯儿一般，是好耍子也。"《喻世明言》卷五则说："小二哥搬运不迭，忙得似走马灯一般。"而唐代禅师无际则借走马灯劝慰世人不要忙忙碌碌，而应心平气和，"团团游了又来游，无个明人指路头。除却心中三昧火，枪刀人马一齐休。"

波斯人欧玛尔·哈亚姆（Umaral Khayyam，1040—1123）的诗中曾提到"走马灯"，1988年张晖先生将其翻译成中文，"我举目仰望广阔恢宏的天空，把它想象为巨型的走马灯，太阳好像烛焰，世界恰似灯笼，我们则有如来回游动的图形。""灯笼""游动的图形"描写出了走马灯显著特点，即通过蜡燃烧产生的热气流带动涡轮装置旋转，从而引起灯罩转动，灯罩上的画面随着连续转动而形成动态的画面。17世纪中叶，欧洲人描述来自中国的走马灯：每个灯都会有无数的灯烛，当灯烛燃烧时，可以看到各种连续的动态画面，马儿在奔跑，车船在行进，人物在行走、舞蹈等。

菡萏，即莲花，古代又称藕花、芙蓉、净友等，莲花自古以来就受到人们的喜爱，荷（莲）花灯与鱼灯一样，都是最受老百姓喜欢的花灯形态。在中国，莲花灯既是上古神话、道教圣物，又是佛教法器、儒家品格和民间吉祥物的综合衍生物。

在中国古代神话中，"海上生莲花"常被用于描写仙界胜景，这种意象被道教吸纳，通常与神仙神迹同时出现。唐代欧阳询在《艺文类聚》中引《真人关令尹喜传》，"天涯之洲，真人游时，各坐莲花之上，花辄径十丈，有返者生莲，逆水闻三千里。"东晋时期的神话志怪小说《拾遗记》中，也有多处将仙界、仙人与"莲花"联系在一起，如太乙星精"乘一叶红莲，长丈余，自东海来。"又如描写周穆王西游时遇到西王母，"千常碧藕，素莲者一房百子，凌冬而茂。""扶桑东五万里，有磅礴山，……生碧藕，长千常，七尺为常也。"这些被誉为神仙福地的地方，莲花具有一种神圣的符号性。我们从汉代的画像石和画像砖中，可以发现西王母和莲花的形象有所关联。

《拾遗记》中描写周穆王西游时，春宵宫里有一种冰荷，"出冰壑之中，取此花覆灯七八尺，不欲使光明远也。"道教认为莲花是"至圣之花"，元代武宗元所绘《朝元仙杖图》中，画卷底部遍布盛开的荷花，守素玉女、香林惠化玉女等诸位仙人手中皆手持荷花（图5-27）。民间广为流传的"八仙过海"中的何仙姑总是手持荷花。"手把芙蓉"是道教中的经典形象之

图5-27
《朝元仙仗图》（局部）北宋　武宗元

一，"素手把芙蓉，虚步蹑太清。"道教灯仪中也常常使用莲花灯，其中又以九莲灯最盛行（图5-28）。九莲灯起源于何时现不可考，明代徐弘祖在《徐霞客游记》中《粤西游日记》里描写藩城道观内，"至是夜二鼓，遍悬白莲灯于台之四旁，置火炮花霰于台上，奉灵主于中，是名'升天台'。"据清代朱佐朝《九莲灯·火判》载："此灯处在莲花山、香果（菓）洞，道德真人驾前，有此九莲灯。内按九宫八卦、诸天星辰，上能照彻天门，下能照开地狱，中能解难渡厄。"《清稗

图 5-28
朱仙镇版画中的九莲灯

类钞·卷十八·度支卷》记载醇亲王薨逝后，修祠造坟耗资五百万，其中"祠中九莲灯开销九万两"。

道教创始人老子，被奉为道祖，传说他是玉女吞日精后，从左肋而诞。老子一生下来走了九步，每走一步脚下就生出一朵莲花，"老君既生，能行九步，步生莲花"。有关老子出生的传说，与佛教释迦牟尼的出生极其相似。据佛经所说，净饭王夫人在花园散步时，从右肋下诞生了王子悉达多，悉达多一生下来，就能稳稳地站在地上，他向东西南北各走七步，每一步脚下都生出莲花。在佛经中，莲花是生命的象征，因为人的肉身凡胎不能成佛，需经过莲花转世，因此莲花是生命之花。《楞严经》载："尔时，世尊从肉髻中，涌百宝光，光中涌出千叶宝莲，有化如来坐宝华中，顶放十道百宝光明。"《佛本行集经·树下诞生品》载："生已，无人扶持，即行四方，面各七步，步步举足，出大莲花。"莲花成为佛祖的象征，"莲花座""莲台"指佛座，"莲宇"指佛寺，"莲房"指僧人居所，"莲花衣"指袈裟，"莲龛"指佛龛。《华严经》载："一切诸佛世界，悉见如来坐莲花。"《文殊师利净律经道门品》载："人心本净，从处秽浊无瑕疵，犹如日明不与冥合，亦如莲花不为泥尘之所玷污"，鸠摩罗什在《妙法莲华经》中说："唯彼荷华，华果俱多，可喻因含万行，果圆万德。"莲花在佛教世界中象征着全能的创造、宇宙的和谐和精神的洁净。因此，莲花也成为各种神迹显示的象征，《敦煌变文集·降

魔变文》载："舍利见池奇妙，亦不惊叹，化出白象之王，身躯广阔，眼如日月，口有六牙，每牙吐七枝莲花。"

佛经中又认为灯能破暗为明，佛前供奉灯火具有十种功德——照世间光明如灯、随所生处肉眼不坏、得天眼、于善恶法得善智慧、除灭大暗、得智慧之明、流转世间但常不在黑暗之处、具大福报、命终生天、速证涅槃。因此，莲花灯以"莲"和"灯"的结合，也常常被用来作为佛法显现的象征。明代著名的佛学著作《释氏源流》中《莲灯满谷》（图 5-29）一则，取自《神僧传·卷七·释鉴源》，说鉴源"讲华严经号为胜集""有慧观禅师见三百余僧持莲灯凌空而去。历历如流星焉。"莲灯亦成为供佛的重要灯器，并逐渐成为寺庙照明的一种标志，"法轮应不灭，长护石莲灯"。清代朱彝尊、于敏中在《日下旧闻考·卷五十四》引《镜光诗》："团团石莲灯，照耀锦绣壁。"明代曾仕鉴《钟山寺》载："莲灯供夜读，香枳假晨炊。"

莲花也是儒家文化中的重要意象，前文论述了金莲烛对于士大夫群体的重要象征意义，寄托了他们对仕途功名的追求。实际上，莲花一直是儒家文化中的重要意象，先秦时期诗歌曰："山有扶苏，湿有荷花""彼泽之陂，有蒲与荷"。荷花的内涵与莲花、芙蓉相互浸润，都成为求取功名富贵

图 5-29
《释氏源流》中的《莲灯满谷》

的重要符号，如用荷花和鹭鸶比喻"一路连科"，鹭鸶和芙蓉比喻"一路荷华"。周敦颐的《爱莲说》，更是将儒家对莲花的推崇表达到了极致，"出淤泥而不染，濯清涟而不妖，中通外直，不蔓不枝"。莲花是品行高洁、君子人格的象征。

莲花的果实是莲蓬，而莲蓬多子，因此莲花在民间是祈子纳福的重要象征物。传统吉祥图案中莲花和婴儿在一起，寓意"连生贵子"。由于"灯"与"丁"谐音，中国古代称生儿子为"添丁"，在许多地方元宵节有送莲花灯祈子的习俗。在中国的福建、台湾等地，家里有新生男孩的家庭必须在房屋正堂梁上悬挂一对新灯；娘家则要送莲花灯给出嫁尚未生孩子的女儿，寓意"莲花结莲（连）子"。在陕西等地方，农历正月十五之前要给出嫁第一年的女儿送莲花灯，这一习俗叫"追灯"，寓意"追丁"。

由此可见，莲花灯包含了儒家、道家、佛家和民间风俗等各种文化内涵，适合不同的对象和环境，它的吉祥寓意使它最受人们的喜爱和尊重，应用范围也极其广泛。《东京梦华录》记载，宣和年间开封最大的酒楼"丰乐楼"，每到元宵节时，都会在酒楼屋顶的每一条瓦楞上都挂一盏莲灯。宋陈元靓在《岁时广记》中记有莲花灯的制作方法，"以竹一本，其上破之为二十条，或十六条。每二条以麻合系其梢，而弯曲其中，以纸糊之，则成莲花一叶；每二叶相压，则成莲花盛开之状。爇灯其中，旁插蒲棒荷剪刀草于花之下。"

不仅是元宵节，莲花灯还是中元节的标志节物。中元节是农历七月十五日，这一天是佛教中的僧自恣日、佛欢喜日和盂兰盆节，同时还是道教中的地官节和民间的鬼节。清代富察敦崇在《燕京岁时记》"中元节"条中写道："市人之巧者，又以各色彩纸，制成莲花、莲叶、花篮、鹤鹭之形，谓之莲花灯。"在佛教故事中，目莲是佛的弟子，他的生母青提夫人生前爱吃肉食，每天都要宰杀动物以满足自己的口腹之欲，青提夫人死后堕入饿鬼道，食物一到嘴边就会着火，只能日日忍受饥饿折磨。目莲虽然佛法高深，却也无法救出他的母亲，因此求告到佛前。佛祖告知目莲，应当在七月十五日准备盂兰盆，其中放百味五果，供养十方佛僧，仰赖众佛僧的恩光，才能解救其母脱离饿鬼倒悬的苦厄。目莲救母迎合了儒家"孝行"的思想，在中国得到了广泛传播。

道教和佛教的分界线比较模糊，中元节和盂兰盆节的高度相似性，更是难以做出明确的佛道之分，再加上民间风俗的融合，最终形成了"糅合佛、道二教因素而创造的宗教节日"❶，并衍生出各种节俗活动，其中"放河灯"尤其流行。"放河灯"的起源与道教"三元"仪式密切相关，"以正月十五天官生日放天灯，七月十五水官生日放河灯，十月十五地官生日放街灯"❷。由于七月十五本身所包含的佛教、道教和民间风俗色彩，在放河灯的同时也设盂兰盆会，即烧法船，演《目连救母》杂剧。《东京梦华录》记载，从七夕（七月初七）开始，坊间就开始演《目连救母》杂剧，一直到七月十五日。《日下旧闻考》也说："中元节前，上冢如清明，各寺设盂兰盆会，以长椿寺为盛。""河"与"荷"谐音，"荷"通"莲"，而"莲"所具有的宗教象征性，赋予了中元莲灯普度亡灵、获得神鬼庇护等意味。在七月十五这一天，"街巷便燃香火莲灯于路旁，光明如昼"。直至明清，宫廷民间皆沿袭此俗，《宸垣识路·卷四》中记载明时崇智殿，"每岁中元，建盂兰盆会，放荷灯，以数千计，南自瀛台北绕万岁山而回，为苑中胜事"。《帝京岁时纪胜》"七月"条也说，清朝时期，每年中元节紫禁城中都要建盂兰盆道场，从十三日至十五日放河灯，"使小内监持荷叶燃烛其中，罗列两岸，以数千计。又用琉璃作荷花灯数千盏，随波上下"。清代让廉在《京都风俗志》中记载"市中卖各种花灯，皆以纸作莲瓣攒成，总谓之莲花灯"❸。发展到后来，中元莲灯超度亡魂的宗教色彩逐渐淡化，反而染上了一层民间娱乐色彩。完颜佐贤编著的《康乾遗俗轶事饰物考》载："十五岁以下男童、女孩至天黑晚饭后，给一人一朵独朵莲花灯（红烛两支）举着去玩，嘴里还唱着：'莲花灯，今儿点了明儿个扔。'"❹日本学者青木正儿绘制的《北京风俗图谱》中绘有被小孩高举头顶的长柄莲灯，还有手提的中短柄莲灯，这些灯以莲花为核心，装饰细节各有特点（图5-30、图5-31）。清代郭则沄在《红楼真梦》中记叙探春和宝钗等人在中元节约做莲花灯，作者非常详细地描写了莲花灯制作材料和过程，到放灯之时，"将莲花灯一朵一朵的点上，也有深红的，也有浅红的，也有娃娃色的，还有浅绿的、玫瑰紫的、白底红边的、红中带碧的。那花瓣或绫或缎，映烛有光。有些通草做的，照起来更和真花一样。"❺

　　人们利用语言的谐音，或是人物、动物、植物等象征意义，来表达各

❶ 吕鹏志. 中国中古时代的佛道混合仪式——道教中元节起源新探 [J]. 世界宗教研究, 2020(2)：101-108.
❷ 张岱. 夜航船·卷一·天文部 [M]. 北京：中华书局, 2012：21.
❸ 让廉. 京都风俗志.
❹ 完颜佐贤. 康乾遗俗轶事饰物考 [M]. 呼和浩特：内蒙古大学出版社, 1990：35.
❺ 郭则沄. 红楼真梦 [M]. 哈尔滨：黑龙江美术出版社, 2017：462.

图 5-30
《北京风俗图谱》中的中元莲灯 （日本）青木正儿

图 5-31
《北京风俗图谱》中的二月放河灯 （日本）青木正儿

150 从器物到文化：中国古代照明

种美好祝福和愿望，形成了各种通俗易懂的吉祥图谱。"猴"谐音"侯"，马背上驮着猴子寓意"马上封侯"；蝠谐音"福"，红色蝙蝠就是"鸿福齐天"；桂谐音"贵"，芙谐音"富"，玉兰、海棠、桂花和芙蓉组合就是"玉堂富贵"。另外很多具有象征意义的形象，也成为吉祥图案中的重要来源（图 5–32）。魁星（文曲星）掌管科举考试，就用赤发蓝面的魁星手中拿着斗来寓意科举顺利；刘海钓金蟾的民间传说流传广泛，所以就用蟾蜍来象征财源滚滚。诸如此类，构成了一整套约定俗成的吉祥话语和图谱，张道一先生在《吉祥文化论》中说："它用最通俗的语言和最一般的形式，不但通向高层文化，并且涉及人生的诸多方面，从表面看，它可能成为人际之间的祝福、祈愿、希望，也可能成为讨好、献媚、颂扬，而透过它的表层所看到的，确是人生一些最重要的东西。"❶

　　这些彩灯形态充分体现了"观物取象"的特征。《易经·系辞》云："夫象，圣人有以见天下之赜，而拟诸其形容，象其物宜，是故谓之象。""见乃谓之象；形乃谓之器；制而用之谓之法；利用出入，民咸用之，谓之神。"❷ "象"不仅是物象的外在形态，更重要的是其内在特性，以及它与宇

图 5–32
点蒿子灯图　北京民间风俗图

❶ 张道一. 吉祥文化论 [M]. 重庆：重庆大学出版社，2011：11.
❷ 冯友兰. 冯友兰文集·第 2 卷·人生哲学 [M]. 修订版. 长春：长春出版社，2017：84–85.

宙之间微妙的联系。在"观物取象"的基础上，"立象以尽意"，通过观察自然万物，提取其内在属性生成寄托情感的意象，是中国古代造物时的重要手段。

这些彩灯模拟日常生活经验中的物象，以通俗易懂的形式传递吉祥如意的美好寓意。但是，一盏彩灯常常包含多种寓意，随着场景的变化而承载不同的文化内涵。钱钟书先生在《管锥篇》中说："比喻有两柄而复具多边。盖事物一而已，然非一性一能，遂不限于一功一效。取譬者用心或别，着眼因殊，指同而旨则异；故一事物之象可以孑立应多，守常处变。"❶《太平风会图》第 9 开中的彩灯，充分表现了"一物多义"的特点（图 5-33）。画面中有兔灯、鹿灯、鹰灯、狗灯各 1 盏，竹马灯 2 盏，每一盏彩灯都具有独立的吉祥寓意，其中鹿和兔（鹿兔千岁）、兔和鹰（鹰逐兔）、鹿和鹰（鹿鸣和鹰扬）等场景，又隐藏着不同的背景典故，需要结合历史文本、宗教信仰、民间习俗等，才能充分理解它们潜在的图像隐喻。

画面左侧的小孩牵引着一只鹿车灯和一只白兔车灯，他的后面紧跟着的小孩双手高举老鹰灯。鹿和兔都象征着长寿，同时，鹿谐音"禄"，禄是福，又指古代官吏的俸禄，因此人们也借鹿的形象来寄托"高官厚禄"的仕途追求。从唐朝开始，官府会在每年乡试之后举行"鹿鸣宴"，宴请中举士子、学政和考官，后又增设"鹰鸣宴"，宴请的是武举士子和考官。"鹿鸣宴，款文榜之贤；鹰扬宴，待武科之士。"❷在科举取士的社会背景下，能参加鹿鸣宴或鹰扬宴，是寒门学子实现阶层跃升的重要标志，因此，鹿和鹰的图像组合，包含了仕途顺达、官运亨通的隐喻。同时，老鹰与白兔的

图 5-33
《太平风会图》（局部）元　朱玉　芝加哥艺术博物馆

❶ 钱钟书.管锥篇(一)[M].北京:中华书局,1979:37.
❷ 程登吉.幼学琼林 [M].李碧荣,注.上海:上海大学出版社,2018:171.

组合，暗藏着"鹰逐兔"的佛教故事。鹰逐兔最早是狩猎题材中的常见场景，但在佛教汉传的过程中，它又被附加上了劝导行善的宗教色彩。据唐代戴孚《广异记》载："王宏者，少以渔猎为事。唐天宝中，曾放鹰逐兔，走入穴。宏随探之，得《金刚般若经》一卷，自此遂不猎云。"**❶** 借《金刚般若经》的传播，鹰逐兔成为神迹显示的具体表现，在白兔"有意识"引导老鹰追逐的行为下，王宏发现了深藏洞穴的《金刚般若经》，从此放弃狩猎杀生，它其实表达出了与"放下屠刀立地成佛"相似的佛教隐喻。

画面场景中还有两名小孩在玩竹马游戏，他们的腰间绑着彩灯，手里拿着弓箭和兵器玩具。竹马形态逼真，制作精细入微，竹马身后部灯槽安放着点燃的蜡烛。竹马是中国古代流行的儿童游戏，儿童骑着竹马道具，模仿大人骑马打仗。从中国古代各种竹马婴戏的图像中，既有衣着精致的权贵富豪，也有朴实的平民小孩，说明这种游戏的流行范围很广。竹马道具更是风格多样，简单的竹马道具就是一根竹竿或者木棍；精良的竹马道具模仿马的形态，马头栩栩如生，马身后面改造成两只滚轮，方便骑着竹马的小孩跑动。东汉《小儿诗》中，就有关于竹马的描写，"嫩竹乘为马，新蒲折做鞭"。这句诗歌描述的形象，与敦煌壁画中的一幅儿童玩耍游戏相互呼应，画中一儿童胯下骑着竹竿，一手固定竹竿，另一只手挥舞着一根带有竹叶的细枝，模仿挥鞭骑马的动作。因此，人们用"竹马之友"来比喻童年天真无邪的友情。李白在诗歌《长干行》中道："郎骑竹马来，绕床弄青梅，同居长干里，两小无嫌猜。"古人用青梅竹马来形容两小无猜的友谊。到了后来，青梅竹马又被用于形容从幼时情谊发展的纯洁爱情。

据《后汉书》记载，东汉初年，郭伋曾巡察西河美稷，"有童儿数百，各骑竹马，于道次迎拜。伋问：'儿曹（儿辈）何自远来？'对曰：'闻使君到，喜，鼓来奉迎。'"儿童骑着竹马在道路两旁迎接，表达了百姓对郭伋的爱戴之情。"竹马之迎"就成为歌颂地方官员德政的重要意象。宋代徐钧诗云："安边治郡霭仁风，竹马欢呼迎送中。""小儿竹马"成为代表清官文化的美好意象，"竹马数小儿，拜迎白鹿前。"白居易在《赠楚州郭使君》中道："笑看儿童骑竹马，醉携宾客上仙舟。"赵瑕在《淮信贺滕迈台州》中曰："旌旆影前横竹马，咏歌声里乐樵童。"这些赠送友人的诗词中，赠别的对象都是任职地方的重要官员。

---

❶ （宋）李昉，等. 太平广记 [M]. 北京:中华书局,1986:706.

发展到后来，竹马游戏与舞蹈、戏剧等结合，成为重要的元宵习俗。南宋时期，宫廷元宵表演中，就有"小儿竹马"和"踏跷竹马"。在民间，竹马游戏更是与社火等民俗活动结合，演变成带有地方特色的竹马戏、竹马舞等。清代翟灏《通俗编》引《武林旧事》："元夕舞队有男女竹马，乃为今俗之马儿灯。"❶ 王小盾、王皓在《浙南马灯舞研究》中整理了全国各地地方志中马灯舞及其亲缘艺术的记录，总结出大部分地区的马灯舞都是从彩马灯习俗发展而来。❷

综上所述，中国古代元宵彩灯的形象都包含着福、禄、寿的吉祥文化内涵，寄托着人们对美好生活的愿望。吉，会意字，甲骨文中作🔱，对于字形的解释主要有以下三种：一是象神座上陈列祭品，即祭祀求吉庆的含义；二是装在箱子里的兵器，象征太平的含义；三是从金文、小篆到隶书，都由上士下口组成，有恶意不出口的意思，即善言。因此，《说文解字》中说："吉，善也。"古代很多器物上刻"吉羊"两个字，羊通祥，"祥，福也。"可以说，吉祥包含了人们对美好生活的各种愿望，太平、财富、仕途、长寿等，以此为基础生成的吉祥文化，几乎渗透到了古代社会从宗教、政治到日常生活的方方面面。

"升平"即太平，"乐事"即愉快的事情。升平的概念是抽象的，而乐事则可以表现为具体的物象、事件或生活片段。以"升平乐事"为主题的绘画正是通过描绘岁朝、元宵、端午、中秋等岁时节令中的具象的"乐事"，来呈现海晏河清、万物安宁、朝野多欢的社会背景，是古代典型的礼赞圣皇明主的政治叙事图式。"升平乐事"作为流行的绘画题材，通过节令、民风、民俗等题材，展现贵族、士人或庶民愉悦、恬淡或充实的日常生活，构建出一幅幅太平盛世、国泰民安的社会图景，代表作品有《太平风会图》《太平乐事图》《太平春市图》《太平繁华图》《盛世滋生图》等。《太平风会图》传为元代画家朱玉所作，记录了街头各路行人、小商贩、劳作匠人、民间艺人的活动，以及各类日常生活用品、集市交易、民俗活动等。明代画家戴进的《太平乐事图》从婴戏、骑牛、捕鱼、娱乐、戏耍、试射、耕罢、观戏、木马、牧归不同场景，展现了不同阶层人物生活（图 5-34）。清代丁观鹏的《太平春市图》描绘了新春集市上的摊贩和人物活动（图 5-35）。晚清张恺等的画作《普庆升平图》以北京香会为背景，描绘了民间杂耍、歌舞活动和市井摊贩等。这些绘画都着重渲染"朝野多欢，

❶ 翟灏. 通俗篇·下 [M]. 陈志明，编校. 北京：东方出版社，2013：585.
❷ 王皓. 浙江民俗文学调查与研究 [M]. 南京：凤凰出版社，2018：3-52.

图 5-34
《太平乐事图》中的观戏　明　戴进　台北故宫博物院藏

民康阜"的盛世景象。元宵节以"灯"为媒介，打破阶层、性别、昼夜等规范约束，构建了四方同庆、天下太平的叙事基础，《南都繁会图》《太平乐事图》《上元灯彩图》都是通过描绘元宵节时民众赏玩花灯的场景，来强调"天下太平，万物安宁"的政治主题（图5-36）。

　　以"升平"为主题的元宵节节令风俗画，往往是以服务于政治宣传为目的，或基于礼俗的需要。而中国传统节俗的形成，通常又是自上而下、由礼入俗，进而移风易俗，从法律、纪律、道德、行为等方面规范民众的生活，在游戏、行乐、庆典活动中发挥教化作用。灯彩作为中国元宵节的重要节俗符号，除了彰显平安、富裕、长寿等美好生活愿望，更是承担着一系列政治宣传和伦理教化功能。在漫长的历史长河中，形成了具有中华民族独特印记的节日符号，体现了各民族共生共享的文化关联。

图 5-35
《太平春市图》（局部）　清　丁观鹏　台北故宫博物院藏

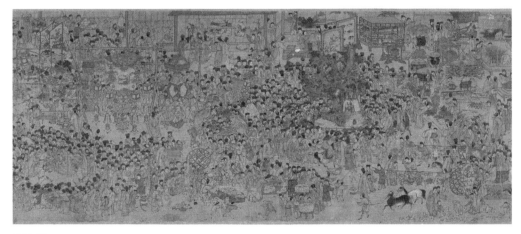

图 5-36
《上元灯彩图》　画心（局部）　明　佚名

参考文献

[1] 王献堂. 古文字中所见之火烛 [M]. 济南:齐鲁书社,1979.

[2] 王福康,王葵. 古灯 [M]. 上海:上海古籍出版社,1996.

[3] 清华大学国学研究院. 朱方圃文存 [M]. 南京:江苏人民出版社,2018.

[4] 郝懿行. 证俗文·用器 [M]. 济南:齐鲁书社,2010.

[5] 刘向. 新序校释 [M]. 北京:中华书局,2009.

[6] 王引之. 经义述闻:下 [G]// 朱维铮. 中国经学史基本丛书:第 6 册. 上海:
上海书店出版社,2012.

[7] 邹汉勋. 南高平物产记 [M]. 长沙:岳麓书社,2011.

[8] 王学理. 王学理秦汉考古文选 [M]. 西安:三秦出版社,2008.

[9] 乐史. 太平寰宇记 [M]. 北京:中华书局,2007.

[10] 王仁裕. 开元天宝遗事 [M]. 北京:中华书局,2006.

[11] 张岱. 夜航船 [M]. 北京:中华书局,2012.

[12] 李昉. 太平广记 [M]. 北京:中华书局,1961.

[13] 许嵩. 建康实录 [M]. 北京:中华书局,1986.

[14] 陈寿. 三国志 [M]. 裴松之,注. 北京:中华书局,1982.

[15] 赵汝适. 诸蕃志 [M]. 郑州:大象出版社,2019.

[16] 王夫之. 楚辞通释 [M]. 长沙:岳麓书社,2011.

[17] 温庭筠. 温庭筠全集校注 [M]. 北京:中华书局,2007.

[18] 陈直. 汉书新证·东方朔传 [M]. 北京:中华书局,2008.

[19] 房玄龄,等. 晋书 [M]. 北京:中华书局,1974.

[20] 郭嵩焘. 湘阴县图志 [M]. 长沙:岳麓书社,2012.

[21] 贾思勰. 齐民要术今释 [M]. 北京:中华书局,2009.

[22] 庄绰. 鸡肋编 [M]. 北京:中华书局,1983.

[23] 徐光启. 农政全书校注 [M]. 北京:中华书局,2020.

[24] 张华. 博物志 [M]. 南京:凤凰出版社,2017.

[25] 彭定求,等. 全唐诗 [M]. 北京:中华书局,1960.

[26] 郭洪. 西京杂记 [M]. 西安:三秦出版社,2006.

[27] 杜甫. 杜诗详注 [M]. 仇兆鳌, 注. 北京: 中华书局, 1979.

[28] 欧阳修. 归田录 [M]. 北京: 中华书局, 1981(3): 15.

[29] 周密. 癸辛杂识·续集 [M]. 郑州: 大象出版社, 2019.

[30] 中国人民政治协商会议凉山彝族自治州委员会文史资料委员会. 凉山彝族自治州文史资料选辑: 第 9 辑 [M]. 成都: 四川人民出版社, 1991.

[31] 利玛窦, 金尼阁. 利玛窦中国札记 [M]. 何高济, 王遵仲, 李申, 译. 北京: 中华书局, 2010.

[32] 安文思, 利类思, 许理和. 中国新史 [M]. 何高济, 译. 郑州: 大象出版社, 2016.

[33] 谢立山. 华西三年: 三入四川、贵州与云南行记 [M]. 韩华, 译. 北京: 中华书局, 2019.

[34] 段成式. 酉阳杂俎 [M]. 北京: 中华书局, 2015.

[35] 陆游. 老学庵笔记 [M]. 郑州: 大象出版社, 2019.

[36] 王佐. 新增格古要论 [M]. 杭州: 浙江人民美术出版社, 2019.

[37] 龙衮. 江南野史 [M]. 郑州: 大象出版社, 2019.

[38] 李贺. 李长吉歌诗编年笺注 [M]. 北京: 中华书局, 2012.

[39] 王叔岷. 史记斠证 [M]. 北京: 中华书局, 2007.

[40] 唐慎微. 重修政和经史证类备用本草: 上 [M]. 陆拯, 等, 校注. 北京: 中医古籍出版社, 2013.

[41] 胡传淮, 陈名扬. 南明宰相吕大器 [M]. 北京: 现代出版社, 2016.

[42] 薛福成. 薛福成日记: 下 [M]. 长春: 吉林文史出版社, 2014.

[43] 王夫之. 庄子解 [M]. 北京: 中华书局, 2009.

[44] 皮锡瑞. 尚书大传疏证 [M]. 北京: 中华书局, 2015.

[45] 姜亮夫. 姜亮夫全集·第一辑: 楚辞通故 [M]. 昆明: 云南人民出版社, 2002.

[46] 河南博物院, 深圳市南山博物馆. 大象中原: 河南古代文明之光 [M]. 北京: 文物出版社, 2019.

[47] 马骕. 绎史 [M]. 北京: 中华书局, 2002.

[48] 孙诒让. 周礼正义 [M]. 北京: 中华书局, 2015.

[49] 刘安. 淮南鸿烈集解 [M]. 北京: 中华书局, 2013.

[50] 王充. 论衡校释 [M]. 北京: 中华书局, 1990.

[51] 孙机. 从历史中醒来: 孙机谈中国古文物 [M]. 北京: 生活·读书·新知三联书店, 2016.

[52] 张栻. 南轩先生文集 [M]. 上海:华东师范大学出版社,2010.

[53] 金圣欢. 天子才子必读书 [M]. 南京:凤凰出版社,2016.

[54] 王安石. 周官新义 [M]. 上海:上海书店出版社,2012.

[55] 司马迁. 史记 [M]. 北京:中华书局,1982.

[56] 白居易. 白居易集 [M]. 北京:中华书局,1979.

[57] 刘昫,等. 旧唐书 [M]. 北京:中华书局,1975.

[58] 脱脱,等. 金史 [M]. 北京:中华书局,1975.

[59] 宋濂,等. 元史 [M]. 北京:中华书局,1974.

[60] 刘俊文. 唐律疏议笺解 [M]. 北京:中华书局,1996.

[61] 沈作喆. 寓简 [M]. 郑州:大象出版社,2019.

[62] 葛兆光. 思想史研究课堂讲录 [M]. 北京:生活・读书・新知三联书店, 2019.

[63] 耐得翁. 都城纪胜 [M]. 郑州:大象出版社,2019.

[64] 言金星. 汉代夜市考 [J]. 江西社会科学,1987.

[65] 许谦. 诗集传名物钞 [M]. 杭州:浙江古籍出版社,2015.

[66] 赵逵夫. 先秦文学与文化:第六辑 [M]. 上海:上海古籍出版社,2017.

[67] 朱赛虹. 清宫殿本版画 [M]. 北京:紫禁城出版社,2002.

[68] 刘潞.《崇庆皇太后万寿庆典图》初探——内容与时间考释[J]. 故宫学刊, 2014(2).

[69] 刘彧娴,刘潞. 论崇庆皇太后《万寿图》的绘制 [J]. 沈阳故宫博物院院刊, 2017(1).

[70] 赵翼. 檐曝杂记 [M]. 北京:中华书局,1982.

[71] 赵翼. 陔馀丛考 [M]. 北京:中华书局,2019.

[72] 王国维. 人间词话 [M]. 施议对,译注. 上海:上海古籍出版社,2016.

[73] 包弼德. 斯文:唐宋思想的转型 [M]. 刘宁,译. 南京:江苏人民出版社, 2017.

[74] 欧阳修. 欧阳修全集 [M]. 北京:中华书局,2001.

[75] 程大昌. 雍录 [M]. 北京:中华书局,2002.

[76] 马端临. 文献通考 [M]. 北京:中华书局,2011.

[77] 王学奇. 元曲选校注:第三册(下)[M]. 石家庄:河北教育出版社,1994.

[78] 文震亨. 古人的雅致生活・长物志 [M]. 刘瑜,绘. 南昌:江西美术出版社, 2018.

[79] 郁达夫. 郁达夫集 [M]. 太原:北岳文艺出版社,2016.

[80] 吴晓峰.《诗经》中物类事象的礼俗化研究 [M]. 武汉:武汉出版社,2009.

[81] 魏源. 诗古微 [M]. 长沙:岳麓书社,2004.

[82] 李湘. 诗经名物意象探析 [M]. 台北:万卷楼图画有限公司,1999.

[83] 封演. 封氏闻见记校 [M]. 赵贞信,校注. 北京:中华书局,2005.

[84] 中央电视台《国宝档案》栏目组. 国宝档案 1·青铜器案 [M]. 北京:中国民主法制出版社,2009.

[85] 郑樵. 通志二十略 [M]. 北京:中华书局,1995.

[86] 赵和平. 奠雁——两千年婚礼仪式的变与不变 [J]. 敦煌研究,2017(5).

[87] 班固. 白虎通疏证 [M]. 陈立,疏证. 北京:中华书局,1994.

[88] 柴克东. 仰韶"彩陶鱼纹"的神话内涵新解——兼论中国古代的女神崇拜 [J]. 文化遗产,2019(5):120–127.

[89] 曹雪芹. 红楼梦 [M]. 北京:人民文学出版社,2008.

[90] 萧放. 岁时——传统中国民众的时间生活 [M]. 北京:中华书局,2004.

[91] 张同胜. 元宵节放灯的由来及其传统建构 [J]. 中原文化研究,2021(2).

[92] 杨伯峻. 列子集释 [M]. 北京:中华书局,1979.

[93] 陈绶祥. 遮蔽的文明 [M]. 北京:北京工艺美术出版社,1992.

[94] 夏仁虎. 岁华忆语 [M]. 卢海鸣,点校. 南京:南京出版社,2006:

[95] 常任侠. 丝绸之路与西与文化艺术 [M]. 上海:上海文艺出版社,1981.

[96] 吕鹏志. 中国中古时代的佛道混合仪式——道教中元节起源新探 [J]. 世界宗教研究,2020(2).

[97] 冯友兰. 冯友兰文集·第 2 卷·人生哲学 [M]. 修订版. 长春:长春出版社,2017.

[98] 钱钟书. 管锥篇(一)[M]. 北京:中华书局,1979.

[99] 程登吉. 幼学琼林 [M]. 李碧荣,注. 上海:上海大学出版社,2018.

[100] 李昉. 太平广记 [M]. 北京:中华书局,1986.

[101] 翟灏. 通俗篇 [M]. 陈志明,编校. 北京:东方出版社,2013.

[102] 王皓. 浙江民俗文学调查与研究 [M]. 南京:凤凰出版社,2018.